# 生命的奇迹

董仁威 主编

王敬东 于启斋 编著

时代出版传媒股份有限公司

安徽教育出版社

**图书在版编目（CIP）数据**

生命的奇迹 / 王敬东, 于启斋编著. —合肥: 安徽教育出版社, 2013. 12
（少年科学院书库 / 董仁威主编. 第 2 辑）
ISBN 978 - 7 - 5336 - 7756 - 5

Ⅰ.①生… Ⅱ.①王…②于… Ⅲ.①生命科学—少年读物
Ⅳ.①Q1—0

中国版本图书馆 CIP 数据核字（2013）第 295982 号

**生命的奇迹**
SHENGMING DE QIJI

出 版 人：郑　可
质量总监：张丹飞
策划编辑：杨多文
统　　筹：周　佳
责任编辑：张　浩
装帧设计：张鑫坤
封面绘图：王　雪
责任印制：王　琳

出版发行：时代出版传媒股份有限公司　安徽教育出版社
地　　址：合肥市经开区繁华大道西路 398 号　邮编：230601
网　　址：http://www.ahep.com.cn
营销电话：(0551)63683012，63683013
排　　版：安徽创艺彩色制版有限责任公司
印　　刷：合肥创新印务有限公司

开　　本：650×960　1/16
印　　张：13
字　　数：170 千字
版　　次：2014 年 4 月第 1 版　2014 年 11 月第 2 次印刷
定　　价：26.00 元

# 博览群书与成才

安徽教育出版社邀我主编一套《少年科学院书库》,第一辑16部已于2012年9月出版,忙了将近一年,第二辑13部又要问世了。

《少年科学院书库》有什么特点?"杂",一言以蔽之。第一辑,数理化天地生,基础学科,应用学科,什么都有一点。第二辑,更"杂",增加了文理交融的两部书:《万物之灵》和《生命的奇迹》,还增加以普及科学方法为特色的两部书:《探秘神奇大自然》和《气象科考之旅》。再编《少年科学院书库》第三辑的时候,文史哲,社会科学也会编进去,社会科学与自然科学共存。

《少年科学院书库》为什么编得这么"杂"?因为现代社会需要科学家具备广博的知识,需要真正的"博士",需要文理兼容的交叉型人才。许多事实证明,只有在继承全人类全部文化成果的基础上,才能够在科学技术上进行创新,才能够为人类的进步作出新的贡献。

不久前,我同四川大学的几百名学子进行了一场博览群书与成才关系的互动式讨论。我用大半辈子的切身体会回答了学子们的问题。我说,我是学理科的,但在川大学习时却把很多时间放在读杂书上,读中外名著上。当然,课堂内的学习也很重要,是一生系统知识积累的基础,我在大学的课堂内成绩是很好的,科科全优,毕业时还成为全系唯一考上研究生的学生。

但是,不能只注意课堂内知识的学习,读死书,死读书,读书死。而要博览群书,汲取人类几千年创造的文化精粹。

不仅在上大学的时候我读了许多杂书,我从读小学时就开始爱读杂书。我在重庆市观音桥小学读书的时候,便狂热地喜欢上了书。学校的少先队总辅导员谢高顺老师,特别喜欢我这个爱读书的孩子。谢老师为我专门开办了一个"小小图书馆",任命我为"小小图书馆"的馆长。我一面管理图书,一面把图书馆中的几百本书"啃"得精光。我喜欢看什么书?什么书我都喜欢看,从小说到知识读物,有什么看什么。课间时间看,回家看。我常常坐在尿罐(一种用陶瓷做的坐式便桶)上,借着从亮瓦中射进来的阳光看大部头书,母亲喊我吃饭了也赖在尿罐上不起来。看了许许多多的书,觉得书中的世界太精彩了。我暗暗发誓,长大了我要写上一架书,使五彩缤纷的书世界更精彩。这是我一生中立下的一个宏愿。

博览群书使我受益匪浅,走上社会后,我面对复杂的社会、曲折的人生遭遇,总能应用我厚积的知识,找出克服困难的办法,取得人生的成功。

现在,我已写作并出版了72部书,主编了24套丛书,包括《新世纪少年儿童百科全书》《新世纪青年百科全书》《新世纪老年百科全书》《青少年百科全书》《趣味科普丛书》《中外著名科学家的故事丛书》《花卉园艺小百科》《兰花鉴别手册》《小学生自我素质教育丛书》《四川依然美丽》等各种各样的"杂书",被各地的图书馆及农家书屋采购,实现了我的一个人生大梦:为各地图书馆增加一排书。

开卷有益,这是亘古不变的真理。因此,我期望读者们耐下心来,看完这套丛书的每一部书。

**董仁威**

(中国科普作家协会荣誉理事、四川省科普作家协会名誉会长、时光幻象成都科普创作中心主任、教授级高级工程师)

2013年2月26日

大自然中的万物,芸芸众生,在春夏秋冬的舞台上,繁衍与生息,在长期适应自然环境的过程中,练就了一身从容对付敌害、适应环境、捕食周旋的绝技,无不表现出生命的奇迹,令人叹服。

生物是进化的,不适合环境的生物都会被大自然所淘汰,退出历史舞台。恐龙就是最典型的例子。

生物世界色彩纷呈,身躯有高大有渺小,但同样都有在地球上繁衍生息的绝技和能耐。无不表现出惊人的生命力。

动物的婚礼也很"排场",丰富多彩,各有各的招儿,演绎着生命的精彩。

生物要适应环境是一种自然法则,从保护色、拟态、假死、警戒色无奇不有,表现出了生命适应环境的绝招。

动物也有语言,有肢体语言、舞蹈语言、气味语言、超声波语言等,通过种种不同的语言方式,传达不同的含义,动物用语言传达信息,达到了炉火纯青的程度。动物的语言竟隐藏着许多待解之谜。

有些动物好动,不喜欢始终呆在一个地方,于是在不同的季节出现了迁徙现象,到异地生活或繁殖后代,凸显了生命的强大和顽强。你说动物千里迢迢远行,在没有向导的情况下,能够准确地到达目的的,不是奇迹吗?

地球上的生物,万物聚生,缠绕纠葛,相互影响,为大自然增添了神秘的色彩,无不演绎着生命的奇迹。

# 目录

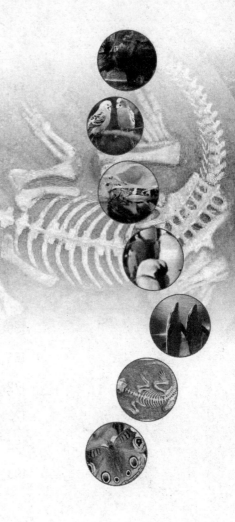

## ▶▶ 芸芸众生大与小

| | |
|---|---|
| 002 | 地球的诞生 |
| 010 | "侏罗纪公园"的恐龙 |
| 018 | "巨人"和"侏儒" |
| 025 | 绿色世界争高低 |
| 033 | 顽强的生命力 |

## ▶▶ 奇特的婚妆与婚恋

| | |
|---|---|
| 039 | 靓丽色彩迷倒对方 |
| 045 | 为选对象显绝招 |
| 051 | 舍命夺新娘 |
| 058 | 忠贞不渝的爱情 |
| 066 | 植物婚妆色加香 |

## ▶▶ 变形变色难相认

| | |
|---|---|
| 074 | 动物的保护色 |
| 081 | 水晶宫里也行骗 |
| 087 | 生物的拟态 |
| 094 | 恐吓·假死·警戒色 |
| 102 | 植物家族也善变 |

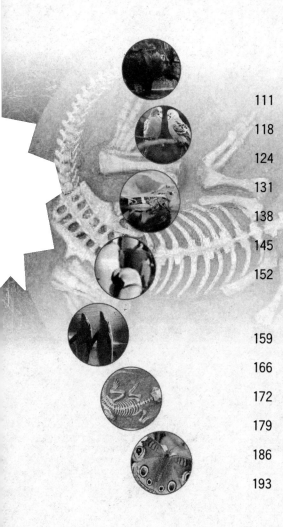

## ▶▶ 禽言兽语之谜

111 　鸟儿歌唱为哪般

118 　水晶宫里的语言

124 　舞蹈传信息

131 　气味藏有大学问

138 　奇妙的肢体语言

145 　超声语言及其他

152 　有趣的植物"对话"

## ▶▶ "旅行"中的角逐

159 　万里长空伴日飞

166 　寻根之游苦相随

172 　漫步踏上远征路

179 　冬去春来有定期

186 　"吃奶"长大的"远征军"

193 　植物繁育子孙也远行

# 芸芸众生大与小

地球有巍峨雄伟的高山,汹涌奔流的大海,串串珍珠般的湖泊,寒冷荒芜的雪原,神秘莫测的峡谷,扑朔迷离的洞穴,一望无际的沙漠,迷人的草原……这里孕育着芸芸众生。从地球上自诞生生命那天起,各种各样的动物陆续登上了生命的舞台,演绎着生命大与小的奇迹……

# 地球的诞生

我们呱呱坠地，来到地球上，就同地球有了不解之缘。我们的一切活动，繁衍生息，都离不开地球。地球是人类共有的家园。那么地球是如何形成的呢？

## 神话传说

对于这一问题，自古以来，人们都在认识和探索它。起初，人们茫然无知，于是，就产生了很多的神话传说。

我国古代有"盘古开天辟地"之说。相传，世界原本是一个黑暗混沌的大团团，外面包裹着一个坚硬的外壳，就像一只大鹅蛋。多年以后，这个大黑团中诞生了一个神人——盘古。他睁开眼睛，可周围漆黑一片，什么也看不见，他挥起神斧，左劈右劈，终于劈开混沌，于是，清而轻的部分上升成了天空，浊而重的部分下沉成了大地。"天"和"地"就这样诞生了。

在西方国家，据《圣经》记载，上帝耶和华用六天时间创造了天地和世界万物。第一天，耶和华将光明从黑暗里分离出来，使白天和夜晚相互更替；第二天，创造了天，将水分开成天上的水和地上的水；第三天，使大地披上一层绿装，点缀着树木花草，空气里飘荡着花果的芳香；第四天，创造了太阳和月亮，分管白天和夜晚；第五天，创造了飞禽走兽；第六天，创造了管理万物的人；第七天，上帝休息了，这一天称为"安息日"，也就是现在的星期天。

随着科学技术的发展和科学的普及,这些美丽的神话传说,只能说明是当时人们对无法解释的地球和地球上的万物最好的诠释。用宗教和神话解释,当时最有说服力,人们很容易接受。

## 人们对地球诞生的认识

历史的车轮不断向前,并促进了科学技术的发展,人们对地球的认识也逐渐深入。

18世纪以来,人们对地球的形成相继产生了很多假说。近数十年来,由于天体物理学等近代科学的发展、天文学的进步、宇航事业的兴起等为地球演化的研究提供了更多的帮助。

地球是太阳系的一个成员。太阳系大家庭由太阳、水星、金星、地球、火星、木星、土星、天王星、海王星以及50万颗小行星、卫星和彗星组成。太阳是太阳系的家长。太阳系在形成之前,是一片由炽热气体组成的星云,当气体冷却引起收缩时,使得星云旋转起来。由于重力的作用,气体和风吹动心收缩,旋转速度加快,星云变成扁的圆盘状。我们知道,现代家庭中洗衣服使用的洗衣机,有一个脱水机,把湿衣服放进去,脱水机快速旋转起来,衣服内的水分就会被"抛"出去,湿衣服变成了干衣服。把水抛出去的力,就是水滴在做圆周运动时产生的离开中心的力,叫离心力。同样道理,当旋转的星云边收缩边旋转,周围物质的离心力超过了中心对它的引力时,就分离了一个圆环来。就这样,一个又一个圆环产生。最后,中心部分变成太阳,周围的圆环变成了行星,其中一颗就是地球,地球是在四五十亿年前产生的。

这是一个科学的假说,是18世纪德国哲学家康德和法国数学家拉普拉斯提出的学说,人们称它为康德－拉普拉斯星云说。到了1944年德国物理学家魏扎克又发展了这个学说。

假说有很多,比较进步的还有施密特的假说。

施密特根据银河系的自转和陨石星体的轨道是椭圆的理论,认为太阳系星体轨道是一致的,因此陨星体也应是太阳系成员。因此他于1944年提出了新假说:在遥远的古代,太阳系中只存在一个孤独的恒星——原始太阳,在银河系广阔的天际沿自己轨道运行。约在60亿年~70亿年前,当它穿过巨大的黑暗星云时,便和密集的陨石颗粒、尘埃质点相遇,它便开始用引力把大部分物质捕获过来,其中一部分与它结合,而另一些按力学的规律,聚集起来围绕着它运转,及至走出黑暗星云,这时这个旅行者不再是一个孤星了。它在运行中不断吸收宇宙中陨体和尘埃团,由于数不清的尘埃和陨石质点相互碰撞,于是便使尘埃和陨石质点相互焊接起来,大的吸小的,体积逐渐增大,最后形成几个庞大行星。行星在发展中又以同样方式捕获物质,形成卫星。

这一假说,比较为符合太阳系的发展。根据这一学说,地球在天文期大约有两个阶段:

一、行星萌芽阶段:即星际物质(尘埃、陨体)围绕太阳相互碰撞,开始形成地球的时期。

二、行星逐渐形成阶段:在这一阶段中,地球形体基本形成,重力作用相当显著,地壳外部空间保持着原始大气(甲烷、氨气、水、二氧化碳等)。由于放射性蜕变释热,内部温度产生分异,重的物质向地心集中,又因为地球物质不均匀分布,引起地球外部轮廓及结构发生变化,即地壳运动形成,伴随灼热熔浆溢出,形成岩侵入活动和火山喷发活动。

这便是地球演化较新的观点。从上述从第二阶段起,地球发展由天文期进入到地质时期。

原始地球是什么时候诞生的？

按照科学界流传比较广的看法,原始地球大概在太阳系形成约 5000 万年后诞生。但美国哈佛大学学者雅各布森提出的一种新观点认为,原始地球的形成时间要比这早得多。

科学家认为,太阳系是从一团巨大的星云演化而来的,这一星云中的物质在引力的作用下聚集成不同的团块,最大的团块形成了太阳,其他比较大的团块则形成了包括地球在内的行星。据认为,当形成地球的物质团块聚集了地球现在质量的 64％时,就可以认为原始地球诞生了。

2003 年雅各布森在美国《科学》杂志上撰文说,他们对太阳系诞生初期铪同位素衰变成钨同位素的过程进行了最新分析,修改了科学家原先的估计,推算出原始地球在太阳系形成后 1000 万年内诞生。太阳系据认为形成于距今 45.67 亿年前。雅各布森在文章中说,在这之后的 1000 万年内,原始地球已经聚集了地球目前质量的 64％,此时可以认为地球"胚胎"已经成型。地球形成过程基本结束的标志是月球的诞生。这一事件发生在太阳系形成后 3000 万年左右。雅各布森认为,月球可能是一个火星大小的天体与地球撞击的产物。

地球的诞生,有待于少年朋友们进一步探究,将来的你或许就会完成这一假设论证,最终做出结论。

## 生物按次序登台

自从地球诞生了以后,地球上就发生了翻天覆地的变化,这就是随着地球地质的变化而产生。

地球的表面有一层坚实的沉积岩层。它像一部厚厚的史书,一页又一页,一层又一层,代表着古老的岁月的地球发展的脚步,蕴含着各个地质年代的生物信息。似乎向人们"诉说",古老地球生物史的进化就是从古生代拉开序幕!

目前,科学上是用测定岩石中放射性元素和它们蜕变生成的同位素含量的方法,作为测定地球年龄的"计时器"。人们得知地球已经存在46亿年了。

依照人类历史划分朝代的办法,地球自形成以来也可以划分为5个"代",从古到今是:太古代、元古代、古生代、中生代和新生代。有些代还进一步划分为若干"纪",如古生代从远到近划分为寒武纪、奥陶纪、志留纪、泥盆纪、石炭纪和二叠纪;中生代划分为三叠纪、侏罗纪和白垩纪;新生代划分为第三纪和第四纪。这就是地球历史时期的最粗略的划分,我们称之为"地质年代",不同的地质年代,地质有着不同的特征。

距今24亿年以前的太古代,地球表面已经形成了原始的岩石圈、水圈和大气圈。但那时地壳很不稳定,火山活动频繁,岩浆四处横溢,海洋面积广大,陆地上尽是些秃山。这时是铁矿形成的重要时代,最低等的原始生命开始产生。

距今 24 亿年～6 亿年的元古代。这时地球上大部分仍然被海洋掩盖着。到了晚期,地球上出现了大片陆地。"元古代"的意思,就是原始生物的时代,这时出现了海生藻类和海洋无脊椎动物。

距今 6 亿年～2.5 亿年是古生代。"古生代"意思是古老生命的时代。这时,海洋中出现了几千种动物,海洋无脊椎动物空前繁盛。以后出现了鱼形动物,鱼类大批繁殖起来。一种用鳍爬行的鱼出现了,并登上陆地,成为陆上脊椎动物的祖先。两栖类也出现了。北半球陆地上出现了蕨类植物,有的高达 30 多米。这些高大茂密的森林,后来变成大片的煤田。

距今 2.5 亿年～0.7 亿年的中生代,历时约 1.8 亿年。这是爬行动物的时代,恐龙曾经称霸一时,这时也出现了原始的哺乳动物和鸟类。蕨类植物日趋衰落,而被裸子植物所取代。中生代繁茂的植物和巨大的动物,后来就变成了许多巨大的煤田和油田。中生代还形成了许多金属矿藏。

新生代是地球历史上最新的一个阶段,时间最短,距今只有 7000 万年左右。这时,地球的面貌已同今天的状况基本相似了。新生代被子植物大发展,各种食草、食肉的哺乳动物空前繁盛。自然界生物的大发展,最终导致人类的出现,古猿逐渐演化成现代人,一般认为,人类是第四纪出现的,距今约有 240 万年的历史。

对生物的出现,我们不妨作一个的简单比较,就会发现不同生物粉墨登场的先后次序了。

古生代寒武纪(6 亿年):真核藻类,无脊椎动物时代;

奥陶纪(5 亿年):真核藻类,无脊椎动物时代;

志留纪(4.4 亿年):裸蕨植物,鱼类时代;

泥盆纪(4亿年):裸蕨植物,鱼类时代;

石炭纪(3.5亿年):蕨类,两栖动物时代;

二叠纪(2.7亿年):蕨类,两栖动物时代;

中生代三叠纪(2.25亿年):裸子植物,爬行动物时代;

侏罗纪(1.8亿年):裸子植物,爬行动物时代;

白垩纪(1.35亿年):裸子植物,爬行动物时代;

新生代第三纪古新世(7千万年):被子植物,哺乳动物时代;

始新世(6千万年):被子植物,哺乳动物时代;

渐新世(4千万年):被子植物,哺乳动物时代;

中新世(2.5千万年):被子植物,哺乳动物时代;

上新世(1.2千万年):被子植物,哺乳动物时代;

第四纪更新世(3百万年):现代植物,现代动物,人类时代;

全新世(1万年):现代植物,现代动物,人类时代。

从古生代寒武纪,距今6亿年,就有了真核藻类,就是说出现了藻类植物;新生代第三纪古新世,距今7千万年,就有了被子植物;到了第四纪更新世,距今3百万年,才有了现代植物、现代动物,人类时代出现了。

# "侏罗纪公园"的恐龙

《侏罗纪公园》是美国好莱坞大导演史蒂文·斯皮尔伯格根据美国著名科幻小说作家迈克尔·克莱顿(1942—2008)科幻小说改编的力作。这部电影被称为具有"世纪性震撼力",一上映就轰动美国,轰动世界,成为1993年度美国上座率最高的影片。为此,1993年被称为"侏罗纪年代"。

## 从"侏罗纪公园"说起

故事大意是,约翰·哈蒙德博士在进行恐龙研究过程中,发现一只吸了恐龙血藏在树脂化石中的蚊子。他从恐龙血中提取出 DNA,复制出恐龙,并建成一个恐龙"侏罗纪公园"。所谓"侏罗纪"是恐龙所生活的地质年代。他的"侏罗纪公园"中,有着活的恐龙,理所当然会招徕大批游客。没想到的是,公园发生意外事故后又遭人破坏,造成灾难性局面。科学家艾伦和埃莉及来到公园的其他幸存者终于逃出险恶的侏罗纪公园……本片通过由电脑技术设计的"活"恐龙,满足了人们想看到真恐龙的愿望,由于给观众带来全新的震撼感受,荣获第66届奥斯卡最佳视觉效果等三项金奖。

这部影片的成功,有两点很突出:

一是特技。影片中的恐龙,宛如真的一样。不论是猛扑过来的恐龙的大特写,还是成群追逐着的恐龙,都极为形象逼真。

二是导演。这位导演可谓悬念大师。一场猛烈的搏杀刚刚过去,观众刚刚透过一口气,新的一场格斗又开始了。全片自始至终紧紧抓住观众颤抖的心弦。

正因为《侏罗纪公园》如此紧扣人们的心弦,上映后在美国掀起一番"恐龙热",各种恐龙玩具成了最热销的商品。"恐龙"一词出现的频率很高。

"侏罗纪"是恐龙所生活的地质年代,恐龙在这个时代达到了登峰造极的地步。

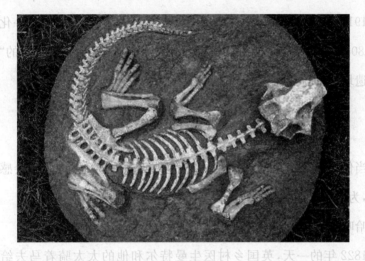

在美国犹他州和科罗拉多州交接处,有一座特殊的公园——美国国立恐龙公园。它是一座1.4亿年前地球主宰——恐龙的墓地。这里经过科学的挖掘和修建,现在已经建成一座现代化的奇特的野外博物馆。这座博物馆好大,有318平方千米。公园的中心是一座玻璃建造的现代化建筑,称为恐龙墓地展厅。当然,这里的岩石上镶嵌着成千上万块恐龙化石。在这里可见到侏罗纪晚期(约1亿4000万年前)的主要恐龙种类,如巨大的梁龙、雷龙、圆顶龙,形态奇异的剑龙以及凶猛的肉食龙等,还有它们的伴生动植物化石。在这里,人们就可以领略恐龙称霸世界的风采。在这里会使人浮想联翩,不由得产生了对公园的开拓者和保护者的敬意,更想知道它的来龙去脉。

恐龙公园的发现应该归功于道格拉斯,他是 20 世纪美国著名的脊椎动物化石的采集家。

1909 年 8 月 19 日,对道格拉斯来说是一个不平凡的日子。这一天,他发现了一个世界上最大的恐龙化石点。他在这里一直进行了长达 14 年的挖掘工作。

1915 年 10 月 4 日,由美国总统伍德罗·威尔逊批准,将这一化石点周围 80 英亩(英制单位,约合 4047 平方米)之内辟为受国家保护的"恐龙化石遗址",即自然保护区。这就是现在的美国国立恐龙公园。

## 恐龙名字的由来

当你在美国国立恐龙公园欣赏着这些恐龙的时候,你是否会感想这恐龙,为什么非叫它恐龙,而不叫它别的名字呢?

哈哈,说起恐龙的名字还真有一段不平凡的来历哩!

1822 年的一天,英国乡村医生曼特尔和他的太太骑着马去给人看病。曼特尔给人看病时,他的太太没有事可做,就在乡间小路上散步,她忽然发现在一个乱石堆里有一个东西在闪闪发光,捡起来一看,原来是一个巨大动物的牙齿化石。

曼特尔对这个动物的牙齿很感兴趣,就想知道是什么动物的牙齿。就请教有名的英国地质学家莱尔,但他看来看去看不出个名堂,就建议请著名的动物解剖学家居维叶看看,结果,居维叶认为是犀牛类动物的牙齿。但曼特尔不能接受这个解释。

1825 年,曼特尔在英国的皇家学会上报道了自己的发现。知识渊博的古生物学家理查德·欧文给它取名为 Dinosaur,这个名字是用拉丁文写的,意思是"恐怖的蜥蜴"。后来,日本和中国的翻译把它译为"恐龙"。于是,恐龙这个名字就这样传开了。

早在曼特尔夫妇发现禽龙之前,欧洲人早就知道地下埋藏有许多奇形怪状的巨大骨骼化石。但是,当时人们并不知道它们的确切归属,因此一直误认为是"巨人的遗骸"。至于我们中国人,早在2000多年前就开始采集地下出土的大型古动物化石入药,并把这些化石叫做"龙骨"。

在明朝李时珍所著的《本草纲目·鳞部》中就有记载:"医家用龙骨者,亦当知其性之爱恶如此。"其实龙骨、龙齿、龙角,都是同一种东西,现在也还是中药的一种,其实是古代爬行动物的化石。根据《左传》《述异记》《博物志》等古籍的记载,又可以知道的确有自然死亡的龙,所以"龙骨"应该是死龙之骨。虽然有争论,也只是细节问题,对于化石是"龙骨",古代中国人并无人怀疑过。

恐龙,是一度主宰过地球的爬行动物。目前查明已知恐龙种类约800多种,形状分成两大类,即龙盘目和鸟盘目恐龙。其中,有吃素的,有吃肉的;有的笨钝,有的灵活;有的在陆地爬行,有的跳跃奔走,有的腾空而飞。近几年来,一股挖掘、研究和开发恐龙的热潮已在世界范围内悄然兴起,并且已经引起了生物学家、地理学家、社会学家乃至哲学家的高度关注。

## 恐龙之最

世界恐龙资源最多的国家是中国、美国、加拿大、蒙古、阿根廷和巴西等国家。

世界上最大的动物应该是昔日的恐龙了。

亚洲最大最长的恐龙为中国合川马门溪龙。马门溪龙体长16～30米,体重达20～30吨,它一抬头,比现代的5层楼还高。它的脖子由长长的、相互迭压在一起的颈椎支撑着,因而十分僵硬,转动起来十分缓慢。它脖子上的肌肉相当强壮,支撑着它蛇一样的小脑袋。马门溪龙和一个网球场一样长,但它的身体却很"苗条"。它的脊椎骨中有许多空洞,因而相对于它庞大的身躯而言,马门溪龙显得十分小巧。1亿4500万年前,恐龙生活的地区覆盖着广袤的、茂密的森林,到处生长着红木和红杉树。成群结队的马门溪龙穿越森林,用它们小小的、钉状的牙齿啃吃树叶,以及别的恐龙够不着的树顶的嫩枝。马门溪龙四足行走,它那又细又长的尾巴拖在身后。在交配季节,雄马门溪龙在争雌的战斗中用尾巴互相抽打。

西班牙考古学家在该国东部发现了一只巨型恐龙的部分化石。马德里自治大学研究人员在特鲁埃尔小镇附近发掘出长达1.78米的肱骨。从其外形结构判断,该肱骨属于一只巨大的草食恐龙。同时发掘出的还有这只恐龙的胸骨、骨盆、脊椎、背和前足的化石。其中一块脚趾甲化石长40厘米,最短的一根肋骨长1.5米。负责发掘工作的路易斯·阿尔卡拉称,从化石结构判断,这只恐龙大约生活在 1 亿 3 千万年前,其身长约为 35 米,体重约为 50 吨。

1986 年,美国科学家在侏罗纪的地层中,发现一种名叫震龙的恐龙,身长 42 米,比梁龙长 16 米,重量估计有 80 吨。

美国耶鲁大学皮巴蒂自然历史博物馆馆长詹姆斯博士宣称,他们的考察队发现了一个特大的恐龙化石。它包括一对 2.4 米长的肩胛,以及近 1.5 米长的颈椎。这些骨骼的尺寸,比以前所发现的恐龙都要大。它也是一只巨大的吃植物的恐龙。推测这只恐龙可能重达 100 吨,所以取名为特大恐龙。

中国和加拿大联合恐龙考察队,在中国内蒙古乌拉特后旗巴音满都呼地区,晚白垩世红色堆积层中,采集到了一种头骨非常完整的小型鸟脚类恐龙化石。科学家们推测,其身长只有 25~30 厘米。它是世界上迄今发现的最小的恐龙。

诸如上面所列举的恐龙,除极个别的外,个头不仅都十分巨大,而且体重也很玄乎,或许有人会问:恐龙为什么会这样大?

这可是个十分令人感兴趣的问题。科学家认为,爬行动物和哺乳动物的生长方式是不同的。陆地上的哺乳动物的寿命比较短,一般有这样的特点,在出生之后,迅速生长,到了成年就不长个了,然后就会走下坡路,一步步衰老、向死亡迈进。而大型的爬行动物则不同。它们有着遥遥无及的生长期,具有无限地生长力。只要是它们不死,生长就是它们的专利,会不断地慢慢生长。试想,始终生长能不导致它们是动物界中的大个子吗?体重还能不与之匹配吗?

## 怎么知道测量恐龙的体重

或许大家会问:恐龙庞大的躯体是怎么知道他的体重的呀?

哈哈,这可是一件既有趣又有意义的工作喽!

现在有一个办法,可以比较准确地测量恐龙的体重。

第一步,先根据解剖学上的知识推知它的体型、皮肤、肌肉、内脏,再做成一个复原模型。模型制成后,要算出它是恐龙的实际大小的几分之一。

第二步,测量模型恐龙的体积。将模型放入一个木箱内,然后往箱内倒入细沙。当沙把"恐龙"完全盖住后,将沙面刮平,并在箱壁上用笔画出沙面的高度。把模型从箱内取出,然后又将沙面刮平,用笔在箱壁上画出沙面的第二个高度。这样我们就能根据长方体的体积计算公式,很快计算出"恐龙"的体积。

第三步,计算恐龙的实际体积。模型的体积与倍数相乘就得出恐龙的实际体积。

第四步,计算恐龙的体重。恐龙的体积已经有了,现在我们还不知道恐龙的密度,知道了密度,再乘以体积,恐龙的体重就知道了。问题是恐龙早已绝灭,谁也弄不清它的密度究竟有多大。当今世界上活着的爬行动物中,只有鳄类与恐龙比较接近,而且与恐龙沾亲带故。在没有办法的情况下,只有借用鳄类的密度代替恐龙的密度。科学上规定,用短吻鳄的密度 0.89 作为恐龙的密度,于是,把原来放大的体积乘以 0.89,这样,恐龙的体重就测出来了。虽说不一定十分精确,但比盲目估计要接近实际多了。如合川马门溪龙,原先估计有 40 多吨,现在用这种方法一测还不到 25 吨。

# "巨人"和"侏儒"

美丽的地球,生机勃勃,色彩纷呈。到处都有栖息和繁殖着数不清的形形色色的动物。动物世界有着不少"巨人"和"侏儒"。

## 大王乌贼与抹香鲸

大王乌贼是最大的无脊椎动物。目前发现的最大的大王乌贼连触手在内有 18 米长,重达 1 吨。如果把它的身体直立起来,它的腕足竟可以伸到 6 层楼高。大王乌贼在深海中出没,运用它的长腕,可灵活自如地游泳,声势惊人。

大王乌贼长着一身肌肉,常常逗引得抹香鲸垂涎欲滴。可是,大王乌贼也不是好惹的,两凶相遇,惊涛骇浪之中,双方会大显身手,这殊死的搏斗简直可使天地变色。于是,就有了下面那夸张的描写。

前苏联动物学家晋科维奇曾在 1938 年身临其境目睹了这一两强相遇的惊心动魄的场面。那是一个海面平静的早晨,人们突然发现一条抹香鲸纵身跃出海面,并不断地在海面翻滚拍打,就好像是被鱼叉刺中一样。猛地看去,抹香鲸硕大的头上像是套上了一个特大号的超级花圈,花圈的形状一直在变化着,一会儿扩张,一会儿缩小。仔细一看,原来那是一条大王乌贼用它那超长的触手死死地纠缠住鲸鱼的大头,如同给它套上了一个紧箍,让它痛不欲生……抹香鲸则试图用猛烈拍击海面的手法,来击昏对手。它反复地将全身跃出海面,凶猛地拍打翻滚,终于将乌贼制服,并最终将猎物吞食于腹中。

抹香鲸生活在热带和亚热带海域,它是鲸类家族的潜水冠军。抹香鲸深潜的目的就是寻找栖息在深海中的大王乌贼和章鱼。人们在抹香鲸的体内曾经发现象小儿头颅一样大的大王乌贼的口器。由于乌贼口内有坚硬角质的颚和齿舌,不易消化,抹香鲸吞食乌贼后,肠道内受到刺激而会分泌出龙涎香。

中国是世界上最早发现龙涎香的国家。汉代,渔民在海里捞到一些灰白色清香四溢的蜡状漂流物,这就是经过多年自然变性的成品龙涎香。从几千克到几十千克不等,有一股强烈的腥臭味,但干燥后却能发出持久的香气,点燃时更是香味四溢,比麝香还香。当地的一些官员,收购后当着宝物贡献给皇上,在宫廷里用作香料,或作为药物。当时,谁也不知道这是什么宝物,请教宫中的“化学家”炼丹术士,他们认为这是海里的“龙”在睡觉时流出的口水,滴到海水中凝固起来,经过天长日久,成了“龙涎香”。也有人说,在殷商和周代,人们已将龙涎、麝香与植物香料混合后做成香囊,挂在床头或身上。

早在公元前18世纪,巴比伦、亚述和波斯的宗教仪式中所用的香料,除植物香料如肉桂、檀香、安息香等之外,就有龙涎。古希伯来妇女还把龙涎、肉桂和安息香浸在油脂中做成一种香油脂,涂在身上使用。

1912年12月3日,一家挪威捕鲸公司在澳大利亚水域里捕到一头抹香鲸,从它的肠子里获得一块455千克重的龙涎香,并以23000英镑的天价出售。1955年,一位新西兰人在海滩上捡到一块重7千克的灰色龙涎香,卖了2.6万美元,如果捡到白色的龙涎香,更是无价之宝。

## 蓝鲸·非洲象·北极熊

应该说,当今世界上最大的动物是蓝鲸。据记载,一条 27 米长的蓝鲸重达 150～170 吨;科学家还估计,一条 30 米长的蓝鲸体重也会超过 180 吨。蓝鲸的个头非常大,一条舌头上就能站 50 个人,舌头的重量是 1500 千克;一颗心脏和一辆小汽车大小差不多,重 600～700 千克;蓝鲸的动脉血管也非常粗,婴儿可钻进去,在动脉里玩"钻地道"的游戏。

一头巨大的蓝鲸张开巨口,一个人进去直立伸手,还触不到上颌,四个人同时围着桌子在它的口腔中看书,还显得很宽敞。

在陆地上,最大的食草动物应该是非洲象,体重可达 8 吨,肩高 3～4 米。非洲象仅生活在非洲的密林或草原疏林地区,过着群居生活。非洲象不仅耳朵大,牙齿也很大,雌雄象都长有长长的牙齿,雄象的牙齿有 3 米长,重 100 千克。它们的牙齿不是同时生长的,而是现有的牙齿磨损后,新的牙齿才长出来。一般大象的第六颗和最后一颗牙齿磨损掉需要 60 年,当牙齿脱落,大象会因饥饿走向寿终正寝。

陆地上最大的食肉动物当属北极熊了。它身体胖胖的,雄性一般的体重要比雌性的大,一般有 400～600 千克,雌性的体重一般在 200～300 千克。北极熊的头小,耳朵和尾巴也很小,这可能是北极熊生活在非常寒冷的地区,小小的耳朵和尾巴可用减少热量的散失。

还有,北极熊的皮毛是白色的。当阳光照射到它中空的白毛上时,毛又能把阳光反射到下面黑色的皮肤上。这样北极熊会在很冷的地区获得

更多的热量。

北极熊的嗅觉器官异常灵敏,它可以闻到 3.2 千米以外烧海豹脂肪发出的气味。1992 年春天,爱斯基摩人捕到了许多鲸,将其内脏丢弃在巴罗周围的垃圾坑里,然后加以土埋。秋天海上结冰后,北极熊闻着气味来到这里的村子,而且数量颇多,人们的安全受到了严重威胁,于是人们便用各种各样的办法,如用直升机轰鸣声、鞭炮声,试图将其赶走,但结果收效甚微。对于那些胆大包天,对人身生命构成严重威胁的几只北极熊,不得不将其枪杀。

据统计,目前北极地区的北极熊已不超过 20000 只。平均每 700 平方千米的冰面,才有 1 只北极熊;而且随着北极石油资源的开发,先进的破冰船、飞机、潜艇等业已进入北极,北极熊的生存受到了严重的威胁。为此,北极地区的国家在 1973 年到 1975 年签署了保护北极熊的国际公约。公约规定:严格控制买卖、贩运自然熊皮及其制品。

## "活化石"——大熊猫

大熊猫,是第三纪孑遗动物,中国最珍贵的动物,被称为"活化石"、"国宝"。大熊猫是一种古老的动物,大约在 100 万年前,它们遍布中国的陕西、山西和北京等地区,在云南、四川、浙江、福建、台湾等地也有它们的踪迹,但现在残留下来的数量很少。与大熊猫同期生活的动物,如今多已灭绝,唯有大熊猫孑遗至今,并保持原有的古老特征,成为科学家研究生物进化的"活化石"。

大熊猫是我国特产的珍贵动物,历史记载已有三千多年了,随着时间推移和人们对它的认识的深化,其名称不断演变。古代叫食铁兽,现在叫熊猫。

说起熊猫名字的来历还有一段历史渊源。

　　请你打开《辞海》，在"猫熊"条目下，可以查到很详细的解释，看到熊猫的形态图。而你查"熊猫"条目的话，释文只有三个字——"即猫熊"。

　　20世纪40年代后期，我国四川重庆的北碚博物馆展出猫熊标本，在展品的说明牌上，既用外文写上了"猫熊"的学名，又按外文书写方式在学名之下从右到左注上中文"猫熊"。可是，解放前的报纸、书籍、杂志都是竖排的，因此都是由右往左认读，即使标题横排，人们也习惯自右往左认读，读过繁体字的人都有这个体会。于是，人们便把猫熊读成了熊猫。记者们把"熊猫"写进报道，随着报纸进到了家家户户，千千万万的读者也就随着读成熊猫，这样，国宝的名字也就将错就错。真是众口铄金啊！

　　为了保护大熊猫，我国目前建立很多大熊猫自然保护区。有卧龙大熊猫自然保护区、王朗大熊猫自然保护区、佛坪大熊猫自然保护区、勿角大熊猫自然保护区、甘肃陇南文县白水江大熊猫自然保护区、文县尖山大熊猫自然保护区、武都裕河大熊猫自然保护区、迭部多儿大熊猫自然保护区、阿夏大熊猫自然保护区、彭州白水河国家级大熊猫自然保护区、崇州

鞍子河大熊猫自然保护区、都江堰龙溪虹口国家级大熊猫自然保护区等，其中以卧龙大熊猫自然保护区最为出名。

## 鸟类的"巨人"与"侏儒"

鸟类的"巨人"应该是鸵鸟。雄鸟高 2.75 米，体重可达 15 千克，雌鸟要比雌鸟小一些。鸵鸟的蛋很大，几十个鸡蛋加起来才能有一个鸵鸟蛋大。这么大的蛋，足够一个人吃 3 天。

鸵鸟脖子很长，眼睛又大，嘴由数片角鞘组成。鸵鸟两翼退化，胸骨扁平，不会飞，尾羽蓬松而下垂，脚极强大，趾下有肉垫，趾仅存 2 枚，趾间无蹼，腿长而粗，跨步近 3 米，故能疾走如飞，持续奔跑速度每小时可达 50 千米，冲刺速度每小时甚至超过 70 千米，还可以跨越 5 米高的栅栏。鸵鸟的目光锐利，听觉灵敏，能觉察 10 千米外的敌人，且善于伪装。人们看到，当鸵鸟遇到猎人追捕或者危险临头时，就会伸长脖子，紧贴地面而卧，甚至将头钻在沙中，身体蜷曲一团，以其暗褐色羽毛伪装灌木丛或岩石等,这种现象,古代阿拉伯人就已有记载。

鸟类的"侏儒"该是蜂鸟了。蜂鸟的种类很多,它们的个头都很小,最小的蜂鸟还没有一只黄蜂大,只有 2 克重,最大的也不过 20 克重。

## 单细胞动物

最小的动物应该是单细胞动物。四膜虫是一种单细胞真核生物,外观呈椭圆长梨状,体长约 50 微米,全身布满数百根长约 4～6 微米长的纤毛,纤毛排列成数十条纵列,是不同种间纤毛虫分类的特征之一。四膜虫身体前端具有口器,有三组三列的口部纤毛,早期在光学显微镜下观察时看似有四列膜状构造,因此据以命名。

大草履虫体长 0.25 毫米,也是动物界的小个子。它结构典型、繁殖快、观察方便、容易采集培养,因此一般用它作为研究细胞遗传的好材料。多年来,遗传学家已经用它研究了细胞质遗传、细胞质和细胞核在遗传中的相互作用,以及细胞类型的转变等,取得了不少科学成果。随着科学的发展,还发现了它在医学方面的许多重要价值,例如用它的水溶性提取物,可以较准确地诊断消化系统的癌症和乳腺癌等疾病。

各种动物,大大小小,参差不齐,凭着动物世界中的"巨人"和"侏儒",组成了别致有趣的动物世界。

是啊,动物之间不论是躯体怎么庞大或如何渺小,都对大自然的一种适应,表现出了别具一格的生命奇迹。

# 绿色世界争高低

植物是一个庞大的家族,在高山、在荒漠、在沼泽、在湖泊、在大海……几乎在世界任何的角落都有植物的踪影。这个家族中绿色开花植物有 30 多万种。另外,还有藻类植物和蕨类植物等。在动物的演变和生物的进化过程中,植物扮演着重要的角色。

## 树木之最

在植物世界里,植物的高与矮,外貌的粗与细,真是千姿百态,构成了一个苍郁秀丽、绚丽多彩的绿色世界。在绿色世界里,也有不少"高"与"低"的角色。

世界上最高的树是澳大利亚的杏仁桉,一般高过 100 米,其中最高的一棵,高达 156 米,树干直插云霄,其高度有 45 层楼高。鸟儿在树顶上唱歌,在树下听起来,就像蚊子的嗡嗡声那样低。这种树基部围周长达30 米,树干笔直,向上逐渐变细,枝和叶密集生在树的顶端。叶子长得很是奇怪,叶子侧面朝天,像挂在树枝上一样,同阳光的投射方向平行。由于那里气候干燥,阳光强烈,这种垂挂的叶子可以减少水分的蒸发。

体积最大的树,要算美国加利福尼亚州的巨杉了。美国的一棵最高的巨杉长得又高又大,是树木中的"巨人",高约 142 米,直径有 12 米,树干周长约 37 米,已有 3500 多岁。它几乎上下一样粗。它虽没有杏仁桉高,但是要粗得多，因此，巨杉的体积比杏仁桉大得多，是世界上体积最大的树。人们叫这个树中巨人为"世界爷"。19 世纪人们在修筑公路时，发现一棵巨杉正好挡住去路，于是就打穿树干，修出一条隧道，汽车竟能穿行无阻，四个骑马的人也可以并排从中通过。100 多年来，这条隧道成了当地的一处名胜，不知吸引了多少过往的游客行人。而且这棵巨杉是在森林火灾中幸免于难而存活下来的。为什么它能"绝处逢生"呢？原因在于它的树皮厚达半米以上，而它的导热性又极差，从而未被大火化为灰烬。

孟加拉榕树是世界上树冠最大的树。孟加拉榕树枝叶茂密，它能由树枝向下生根。这些根有的悬挂在半空中，从空气中吸收水分和养料，叫"气根"。多数气根直达地面，扎入土中，起着吸收养分和支持树枝的作用，仿佛树干。一棵榕树最多的可有 4000 多根气很，从远处望去，像是一片树林，人们叫它"独木林"。孟加拉国的杰索尔地区有一棵榕树，有 600多株"树干"，树冠硕大无比，覆盖面达 42 亩，树高 36 米多，它是世界上最大的榕树。

一般的树木能长到 20～30 米高。在温带的树林下,生长一种小灌木,叫紫金牛,绿叶红果,人们都很喜爱它,常常把它作为盆景。它长得最高也不过 30 厘米,因此,大家给它起一个绰号,叫它"老勿大"。其实"老勿大"比起世界最矮的树来,要高 6 倍。这最矮的树叫矮柳,生长在高山冻土带。它的茎匍匐在地面上,抽出枝条,长出像杨柳一样的花序,高不过 5 厘米。如果拿杏仁桉的高度与矮柳相比,一高一矮相差 15000 倍。与矮柳差不多高的矮个子树,还有生长在北极圈附近高山上的矮北极桦,据说那里的蘑菇,长得比矮北极桦还要高。因为那里的温度极低,空气稀薄,风又大,阳光直射,所以,只有那些矮小的植物,才能适应这种环境。用达尔文进化论的观点解释,这叫适者生存,不适者就会被淘汰。

陆地上最长的植物是白藤。它是热带森林里在大树周围缠绕成无数圈圈的"鬼索"。从根部到顶部一束羽毛状的叶子,长达 300 米,最高记录为 500 米,海里最长的植物海藻长约 400 米,因此也可以说白藤是世界上最长的植物了。

## 花儿之最

世界上最大的花是大王花。它生长在印度尼西亚苏门答腊森林里,是大花草的花,直径达 1.4 米,5 片又厚又大的花瓣,外面带有浅红色的斑点。花蕊直径 30～40 厘米,像一个大圆盘,盘里有雄蕊和花蛋,可以盛放 5～6 升水,一朵花有 6～7 千克重。这种古怪的植物,本身没有茎,也没有叶,一生只开一朵花。花刚开的时候,有一点儿香味,不到几天就臭不可闻。香花和臭花的作用一样,都是招引昆虫前去传粉。花的香与臭,都是为昆虫准备的,与人的喜爱没有半点瓜葛。

世界上最小的花是生长在西印度群岛的透明草,它的花朵直径只有

0.35 毫米。

花儿开的时间最长的是一种热带兰花，能连续开上 80 天。亚马孙河的王莲花，早晨刚绽开，10 多分钟后就萎谢了。

亚马孙河的大王莲叶，直径有 2 米长，像只大盘子。可是，亚马孙棕榈的一张叶子连柄带叶有 24.7 米长，热带的长叶椰子的叶子更长，达 27 米长，这是世界上最长的叶子了。

最长寿的叶子是非洲西南部沙漠中的"百岁兰"。它外形奇特，茎又短又粗，高只有 10～20 厘米，茎干周长有 4 米，两片长而宽的叶子长在茎顶上，叶长 3 米，最长的可达 6～7 米，宽 30 厘米，比一张单人床还要长一大截。在它一生中，两片叶子百年不凋谢，和整棵植株共生同死。

兰花也有着与众不同的奇迹。

20 世纪 80 年代，一位爱好兰花的日本客商来到浙江绍兴花木市场。他突然发现一盆兰花，双眼惊奇地瞪得特大，就像哥伦布发现了新大陆一样。

"3000 元怎么样?"日本人急不可待。

卖主是一位姓周的农民。他被这突如其来的天价闹懵了,只是憨厚的笑着,一时没有表态。

日本客商丈二和尚,摸不着头脑,以为出价太低,急忙伸出 4 个指头,然后伸出 5 个指头:"4000 怎么样? 5000?"

还没等老农开口,客商还在加价,价格如同火箭在上升。最后一盆六叶兰花价格涨到 7000 元人民币。

这位老农见这盆兰花价值连城,就说:"我不是不想卖,只是我不知道它是一种什么品种,我得请专家鉴定一下。如果是珍品,中国人是不会外卖的。"

经过鉴定,这盆花是全国独一无二的珍贵品种——"金丝马尾"兰。国宝没有流出国门。

值得说明的是,兰花没有分离的雄蕊和雌蕊,而是在唇瓣上方合二为一地生成一个特有的"合蕊柱",但它自己却不能授粉,还得靠昆虫做媒。各种不同的兰花,自有那钟情相爱的昆虫给它做媒传粉。鲜艳的色彩,迷人的芳香,甜蜜的汁液,都是兰花吸引昆虫的"法宝"。

大自然所赋予兰花的神奇构造,使兰花在单子叶植物虫媒花的进化中,达到了登峰造极的地步。动植物如此巧妙的配合,为丰富多彩的大自然,谱写了神奇美妙的诗篇。这花奇妙的生物学结构,不能不说是生命的一种奇迹。

## 植物活化石:珙桐与银杏

珙桐和银杏是植物中的活化石的成员,有着许多趣事。

珙桐,又称"中国鸽子树",是地球上发生第四纪冰川以后,仅幸存于我国西南局部地区的高大乔木树种,也是植物界中最为著名的"活化石"之一,已被列为国家一级保护树种。

珙桐是一种落叶乔木,树高为15～20米,胸径1米以上。树干笔直树皮为深灰色,常呈薄片状脱落,茂密的枝条向斜上方生长。每年的4、5月,在幼嫩的枝端开放紫红色的杂性花。繁花时节,洁白的花朵开满全树,远远望去,很像无数只落满枝头的和平鸽,振翅欲飞,所以也被用来象征和平,被称为"中国的鸽子树"。

1869年,法国一位名叫大卫的神父在四川首次发现了它。这个神父的文章发表以后,一时洛阳纸贵,引起世界范围的轰动。

珙桐树还叫"昭君树",说起来还有一个美丽而悲壮的传说呢。

湖北省的兴山县是王昭君的故乡,在兴山的万朝山下产一种珙桐树,它在开花时,远远看去,酷似鸽子,又名"鸽子树",是中国的特产。

相传,王昭君出塞后,嫁给了匈奴的呼韩邪单于。由于思念故乡,每日清晨她都要向南祈祷,逢时逢节还要向南拜三拜,每当王昭君向南礼拜时,她所养的白鸽也跟着她向南点头,王昭君见到,心有灵犀,便每天写一封信,教给白鸽送回故里,于是,一群白鸽结伴飞返,它们搏风雨,穿云雾,穿过九十九道河,飞过九十九座山,熬了九十九个夜晚,才飞到了兴山的万朝山下,它们万分疲倦,在珙桐树上歇息。从此以后,每年珙桐树便开出鸽子花,代表王昭君向家乡父老问好。

珙桐树花开,微风吹来,似白鸽飞翔,翩翩起舞,一片动态之美,让人们看到了这生命之美,无不显示着生命的奇迹。

20世纪50年代中期,周恩来总理在日内瓦开会期间,看到了珙桐在当地开花时的美丽景色,十分赞赏。当得知它的祖籍就是中国后,更是感慨万千。

世界上现存最古老的种子植物是银杏。银杏俗称白果,银杏又称"公孙树",意为银杏树生长缓慢,其寿命却很长,"公公种树,孙子得果",所以银杏为又叫公孙树。它是我国国树候选树种之一,颇受人们喜爱,已列入国家二级保护树种。从科学价值上讲,银杏是当今地球上残存的最古老的植物"活化石"之一,这对科学家们研究古地学、古气候、古植物等都具有重要意义。如果上溯到两亿年,银杏在全世界各地都有分布,但是第四纪冰川的残酷无情,使得大部分银杏先后绝迹,唯独在我国幸存下来,成为著名的孑遗树种。

银杏是裸子植物银杏科的单型种,为落叶大乔木,树高达 30 米以上,胸径达 4 米,雌雄异株。种子成熟时橙黄如杏,外种皮肉质,被一层白粉,故名"银杏"。

银杏的栽培历史十分悠久,在我国许多名胜古刹、寺院、庙宇和园林风景区经常可以见到千年以上的古银杏树。根据记载,早在三国时期,银杏就盛产于江南,唐代中原已有,到了宋代就更普遍了。唐代著名诗人王维曾作诗咏曰:"银杏栽为梁,香茅结为宇,不知栋里云,去做人间雨"。宋代大诗词家苏东坡有词赞曰:"四壁峰山,满目清秀如画。一树擎天,圈圈点点文章"。南宋陈景沂所编《全芳备祖》里,对银杏已有专门记述。

1984 年 3 月,经丹东市第九届人民代表大会第二次会议审议通过,银杏树被正式命名为丹东市市树。

今天,在我国北自辽宁南部,南至广东北部,东起台湾,西到甘肃,银杏的足迹已遍布二十多个省区。

植物的大与小,无不是适应自然的结果。自然造就了植物,植物影响并适应了环境。

# 顽强的生命力

嗨,知道吗,在种子的世界里,有五花八门的种子成员,它们有的是种子家族的"巨人",有的是种子家族的"侏儒";有的重如"泰山",有的轻如"鸿毛";有的似芝麻,有的像箩筐;有的甚至还有非凡的神力……哈哈,我们不妨对种子做一番巡礼吧!

## "小巫见大巫"

人们常常用芝麻粒来形容小。不错,在种子家族中,芝麻的种子已经够小了,可是比芝麻小得多的种子还多着哩!

对此,我们不妨做一下比较。1千克芝麻竟有25万粒之多,5万粒芝麻的种子,才有200克重,可是5万粒烟草的种子,只有7克重。四季海棠的种子还要小,5万粒只有0.25克。一粒小小的芝麻,比一粒四季海棠的种子要重近千倍。那么,四季海棠的种子是不是最小最轻了呢? 还不是! 种子家族中最小最轻的小弟弟,要推斑叶兰的种子,重量轻如尘埃,只有二百万分之一克,5万粒斑叶兰种子只有0.025克重,实在小得的可怜,只有在显微镜或放大镜下才能看到它们的尊荣。

比芝麻粒大的种子比较常见。就拿较大的蚕豆种子来说吧,一粒大的蚕豆种子有2.6克,1千克才385粒。这种蚕豆种子的体重相当于芝麻种子体重的1000多倍。但是蚕豆种子还算不上种子家族的老大哥。

世界上还有比蚕豆种子重 5000 倍的种子,那就是生长在非洲东部印度洋中的塞舌尔群岛上的复椰子,直径约 50 厘米。从远处看去,像是挂在树上的"箩筐"。每个"箩筐"就有 5 千克重,最大的可达 15 千克,这才是世界上最大的种子。

大家或许认为树高种子就大。复椰子树与大白桦树的个头差不多,可大白桦树的种子却太轻了,200 万颗白桦树的种子总共只不过 1 千克。两者竟差 3000 万倍!高耸入云的桉树,种子十分微小,600 万粒种子才 1 千克重,同复椰子树的种子相比更是"小巫见大巫"。

## 生命的魔力

不同植物的种子,其生命的寿限是不同的。虽然有些种子的寿命较短,如橡胶树、柳树、杨树的种子仅能存活几周,但有些种子的寿命极长,生命力十分顽强。

我国辽宁省岫岩县发现的 1 万年前的狗尾草种子,有 3 粒发了芽,开了花,又结了籽。在加拿大的冻土层中,曾发现一批 1 万年前的羽扁豆种子,至今仍能发芽。

莲籽的寿命是相当长的。1952 年在辽宁普兰店一个干涸池塘的泥炭层里挖到一些古莲籽,从 1953 年起经培育,发芽率达 96%,在 1955 年开花结籽。后在 1974 年用放射性 C14 测定,它的年龄在 830 岁至 1250 岁之间,是我国寿命最长的种子。

在地下沉睡了千年的古莲怎么还会开花呢?这让人感到十分神奇。

这与莲子的结构有关。莲子外表的一层果皮特别坚韧,果皮的表皮细胞下面有一层坚固而致密的栅栏状组织,气孔下面有一条气孔道,果实(莲子)未成熟时空气可以自由出入;果实完全成熟后,此孔道即缩小,因而空气和水分的出入受阻,甚至微生物也不易进入,莲子的外种皮坚硬致密,像个小小"密封包",把种子密闭在里面,可防止外面的水分和空气的渗入,也可以防止种子内的水分和空气散失,因此莲子的生命活动极为微弱,相当于休眠状态。这是古莲子还有生命力的重要原因。

此外,与古莲子所埋藏的环境也有关。这些古莲子是被埋在深约30~60厘米的泥炭层中,而泥炭的吸水防潮性能良好;再加上泥炭层的上面又有很厚的泥土覆盖,因此古莲子几乎处于一个密闭的环境中。在这样的环境中,古莲子不具有生根发芽的条件,因此而得以保存了生命力。

在日本千叶县挖掘出的2000多年前的古莲籽,经过培育也发了芽,并开花结果。

寿命最长的种子除古莲子外,还有古大豆。日本考古学家在一座古代村落遗址中发掘出了130粒大豆,据测定它们已有2000多年的历史,其中129粒已炭化,但一粒仍保持着生活能力,科学家们将它用水浸泡,这粒大豆竟发了芽,并长出几片嫩叶。而1976年在北美肯河岩洞中发现的北美羽扇豆种子已有17000年,是目前所知寿命最长的种子。

1983年7月,四川成都北郊的凤凰山麓,发掘一座距今2000多年前西汉时代的古墓,出土的陶器中有几十粒只有1毫米大的种子。经过培植,结果长出了番茄,只是个体略小,形如枣状,味道却完全一样。

1985年11月,在澳大利亚新南威尔士的勃莱沃德附近发现了一批冰河时期遗留下来的极为珍稀的桉树种子。通过精心培育,一棵桉树苗破土而出。为了目睹1万年前冰河期桉树的"风采",提供了难得的机会。

沙漠里的梭梭树,种子的寿命虽然只有几小时,但却有顽强的生命力,只要有一点水,几小时内就能发芽生长,速度极为罕见。

## 鸟与树的奇妙合作

你可知道植物的萌发,与动物还有着千丝万缕的关系哩。

印度洋岛国毛里求斯,曾经是渡渡鸟和卡法利亚树的天堂。渡渡鸟是一种既不会飞也跑不快的动物,它体态臃肿,且体型庞大,体重可以达到20千克,名为"渡渡鸟"。这里,有一种卡法利亚树是毛里求斯特产的一种珍贵的树木,也是渡渡鸟的乐园。渡渡鸟的吃喝都在这里。玩累了的渡渡鸟就在它的怀抱里憩息,卿卿我我,煞为暧昧。它们一直相濡以沫了上万年。

后来,带着枪和猎犬的欧洲殖民者蜂拥而至,将渡渡鸟杀光斩绝。更令人匪夷所思的是,自从渡渡鸟灭绝以后,卡法利亚树也逐渐难觅踪影。

直到1981年,美国生态学家坦普尔来到毛里求斯,发现卡法利亚树只剩下了13棵。由于当时恰好是渡渡鸟灭绝300周年,细心的坦普尔测量了卡法利亚树,发现仅存的13棵树全都超过300岁,这就意味着渡渡鸟灭亡后不再有卡法利亚树新生。也就是说,渡渡鸟灭绝之日也正是卡法利亚树绝育之时。真是巧妙之极,让人感到十分神秘。

坦普尔通过细致的研究发现,在渡渡鸟的遗骸中有几颗卡法利亚树的果实,原来,渡渡鸟一直是以卡法利亚树的果实为食物。卡法利亚树种有一层坚硬的壳,坚硬到它本身都无法冲出这层障碍。渡渡鸟把这些果实吃到肚里以后,经过胃中碎石般的消磨,树种的那层壳被磨薄,再排出体外后,就能顺利发芽、生长,所以,要想生育,就必须借助渡渡鸟。

为了试验自己推测的准确性,坦普尔把几只火鸡饿上一个星期,并迫使火鸡吃下卡法利亚树种子。当火鸡排出种子后,坦普尔种下它们,不久就长出了幼苗。

卡法利亚树的果实是渡渡鸟的食物,反过来,渡渡鸟为卡法利亚树发芽繁殖,起到了推波助澜的作用,两者互为有利,息息相关。无疑是动植物互为合作的一种奇迹。

真相终于大白! 原本和谐的自然界,每一种动物灭绝,就有一种或数种植物会为它守寡,其实,"守寡"的何止是植物呢? 还有人类啊——良知被麻痹时,灵魂就要"守寡"!

## 种子的力量

植物种子虽然在体型、体重等方面有着很大的差异,但在传播或吸水膨胀方面有着类似的性质,有着非凡的力量。

种子吸水膨胀能产生很大的力量,产生的压强可达几十巴(1 巴 = $10^5$ 帕)至几百巴。比如,风干的苍耳种子竟能产生 1 千巴的压强,富含蛋白质的种子,因蛋白质有亲水性,膨胀过程产生的力量更大。大豆就是最典型的代表。

有这样一个故事。几十年前,一艘满载大豆的货轮触礁搁浅,两个货舱进水。几天后救援人员赶到,人们发现进水的舱门已经变形,无法打开,隔舱钢板显著凸起。原来是舱内大豆吸水膨胀,体积竟增大了几倍,产生了极大的压力,所以导致钢板变形。

　　第二次世界大战期间，一艘满载军用物资的货轮，秘密从日本某港口出发，经上海、福州、广州，再经马六甲海峡，准备驶向泰国，最后去缅甸支援那里的日军。这艘船装的是从我国东北三省掠夺去的大豆。我抗日工作者得知此事后，指示我特工人员伺机将此船炸沉在大江中。我方特工人员混入日军货轮后，想出了一个巧妙办法，既不用炸弹炸药，也不动用一枪一弹，只是在大豆上做文章，便使这艘货轮沉没于大海中。

　　原来，我方抗日特工人员想出的办法很巧妙，偷偷地向日军货轮装满大豆的货舱内大量灌水。他们思考这个问题运用了求异思维的要素变换创新思维方法，一粒大豆被水浸泡后，它的体积会膨胀为干大豆体积的3倍。我方抗日特工人员利用大豆的这一特性，偷偷向货舱内灌水，改变了货舱内大豆存放的"要素"——由干燥存放变成了浸泡存放。装载大豆的货舱被大量灌水后，舱内的大豆不断膨胀，逐步增大了对货舱的压力，最终造成货舱的爆裂，使日军货轮沉没于海中。

　　大豆种子的力量曾被解剖学家"借用"过。人的头盖骨结合得非常致密、坚固。怎样使23块颅骨组成的头骨完整无损地分开呢？生理学家和解剖学家用尽了一切的方法，要把它完整地分开来，都没有成功。后来，有人通过枕骨大孔，往头颅内塞满大豆，加水浸泡。几天后膨胀的大豆发芽，这些种子便以可怕的力量，将机械力所不能分开的骨骼，完整地分开了。

　　你见过笋的生成吗？你见过被压在瓦砾和石块下面的一棵小草的生成吗？它为着向往阳光，不管上面的石块如何重，石块与石块之间如何狭窄，它总要曲曲折折地，钻出地面，最终长出了芽。虽然没有一个人将小草叫做大力士，但是它的力量之大，足见生命的顽强与奇迹。

# 奇特的婚妆与婚恋

　　动物在婚恋期间,会表现出别具一格的行为,说来让人大开眼界,赞叹不已。

　　植物在传种过程中,也表现不俗,开着五颜六色的花儿,"招引"动物前来传粉,也有的"请"风或水来帮忙。

　　植物与动物,各取所需,相得益彰,创造了生物世界有情有义、感人至深的故事。

# 丽色彩迷倒对方

人类在婚礼上,换上大红大紫的衣服,坐上红的花轿,婚房贴上大红色的喜字,呈现出喜气洋洋的热闹场面。难怪,一说到婚礼人们就想到了红色。

说来有趣,动物在"婚期"期间,也会"换上"大红大紫的"服装",比起人类来还真是有过之而无不及哩!

现在已经知道,善于运用色彩"宣告"婚期的动物,不光是鸟类,爬行类,鱼类,两栖类,甚至连蜻蜓、蝴蝶和墨鱼也都充分利用色彩。

## 迷人的外衣

观察一下背上长有三根长刺的刺背鱼的体色变化,就令人回味。这种鱼体呈青灰色,相貌太一般般。在交配前夕,雄鱼会各自划分势力范围,同时腹部出现了红色,以警告别的雄鱼,赶快回避。当它追求雌鱼时,随即披上了绚丽的婚装——腹部泛红,背呈蓝白,煞是好看。它会表现出一连串的滑稽动作,令人感叹不已,向雌性大献殷勤,把心爱的雌鱼引到自己的"行宫",假若雌鱼转身逃走,雄刺鱼就翻脸,亮出身上的硬刺强逼雌鱼留在"行宫"。待到交配、产卵和鱼卵孵化后,雄鱼便再度恢复婚前的色彩——红色的腹部和青灰色的鱼体,并日夜看守着幼鱼。默默无闻地奉献出父爱,可以说刺背鱼是鱼类中极为称职的好爸爸。

南方有一种斗鱼,在求爱时,雄鱼会披上一件金光闪闪的彩色外衣,显得富丽堂皇。雌鱼会被它的容貌所吸引,便收拢鱼鳍,在褐色的躯体上露出一些有色的条纹,如同向雄鱼表白"永恒的爱情"。

## 蛙类的"婚姻"

大约在每年四月中下旬,青蛙躲在小河边、草丛里、湖面上或荷叶上,就开始了求婚的大合唱,声音洪亮,彼此起伏,声音可传到很远的地方。这是它们在为自己的"婚礼"唱起"新婚之歌"!

蛙类到了婚期,新郎前肢第一手指或第二三指之间的基部,开始长出隆起的肉垫,肉垫上有分泌黏液的腺体或角质刺。动物学家把这种垫叫做"婚垫"。有了这种"婚垫",新郎才能在水中紧紧地拥抱新娘。

蛙类属于体外受精,当雌蛙接受雄蛙的拥抱后,随即开始排卵,雄蛙接着向排出的卵粒上射精,大多数蛙卵产在水草上,蛙类产的卵堆在一起形成球状。卵在水里发育,住几天后便钻出一个黑色的"小逗点",这些"小逗点"便是青蛙发育的幼仔——蝌蚪,它最初没有四肢,只能靠尾巴在水里活动。那时还没有肺,而是跟鱼一样用鳃呼吸,以后,随着时间的推移,蝌蚪逐渐长大,会发生一系列的变化:先长出后肢,再长出前肢,然后,尾巴萎缩,直到消失,鳃也消失,长出了肺,这样它摇身一变,变成了一个与蝌蚪大相径庭的青蛙来。于是,"呱呱"叫的青蛙就来到了人间。

青蛙的合唱也预示着年景的丰收。正如南宋词人辛弃疾在《西江月》中所写:"稻花香里说丰年,听取蛙声一片。"这是辛弃疾闲居上饶带湖时期的名作。它通过自己夜行黄沙道中的具体感受,描绘出农村夏夜的幽美景色,形象生动逼真,感受亲切细腻,笔触轻快活泼,使人有身临其境的真实感。这也道出了青蛙和稻子丰收的因果关系。青蛙多了,吃掉害虫就多,水稻就会增产。那时,人们就知道这个道理,真是不简单。

我国有一种树栖生活的树蛙,成体几乎终年生活在树上。生殖季节,雌蛙爬到靠近水边的树上,排出一团像泡沫状奶糕似的白色卵块,使之粘附在翠绿的嫩叶上,卵块发育成蝌蚪以后,由于蝌蚪不断地活动,使叶柄折断脱落树枝,自己也就随叶落入水中。

南美洲有一名为负子蟾的水生蛙类。在每年的繁殖期间,雄蛙的背部会变得蓬松而肥大,犹如一团海绵。当卵产出后,雄蛙会把卵一粒粒地推到雌蛙的背上,并压入海绵状的皮肤内。以后,雌蛙就日夜背着它们,静静等待小蝌蚪出生后,仍由雌蛙背着寻食,一直要到蝌蚪的四肢长出,尾巴缩短,成为小负子蟾时,雌蛙才放心地让它们从背上下来,各自奔东西,各自去适应环境。

负子蟾虽然每次仅产 50～100 粒卵,但湍急的流水冲不散它们的骨肉,所以成活率较高。比起高产近万粒卵而子女成活率较低的青蛙和癞蛤蟆来说,负子蟾无愧是慈母的楷模了。

袋蛙也可以说是比较特殊的一类。南美袋蛙、澳大利亚袋蛙及两种达尔文蛙,在成长后期蝌蚪或发育未完全的幼蛙之前一直呆在雄蛙的声囊里。

在澳大利亚有两种胃生蛙。这种蛙在生殖的时候,胃竟成了胎儿的宫殿,嘴巴成了"胎儿"产出的"门户"。胃生蛙由此而闻名遐迩。

胃生蛙的受精跟普通的青蛙没有什么两样。所不同的是,当雌蛙将受精卵吞到胃里后,它的消化系统将立刻停止了工作,如同电灯开关一样灵敏。胃在半小时之内会停止工作。更令人惊异的是胃内的细胞结构也完全改变,雌蛙停止了消化活动。在整个8个周的孕育期内,它把已经吃下的食物留在胃下部的肠子里,始终不排出,这也是其他动物所望尘莫及的。

从受精卵发育成蝌蚪,蝌蚪发育成幼蛙。体积由小变大,这样雌蛙的胃被撑的鼓鼓的,甚至影响了它的肺的功能,迫使它通过皮肤来呼吸,当幼蛙长成小青蛙的时候,雌蛙便张开喉咙,让"孩子"进入口腔,然后,这些小宝贝就靠着自身的弹跳力,从母亲嘴里跳出来。

有人发现,小青蛙能从雌蛙嘴里跳出60厘米之远。一只雌蛙8天之内,总共吐出了26只小青蛙。这是多么神奇呀!

让人意想不到的是,雌蛙的胃在8天之内就可以恢复正常的生理功能。

遗憾的是,这澳大利亚的两个物种——胃蛙,都先后灭绝了——一种从1981年就不曾见过,另一种从1985年就不曾见过。

## 鸟类的生殖

孔雀是以华艳夺目的羽毛著称于世的。雄孔雀之所以常在春末夏初开屏,是因为它没有清甜动听的歌喉,只好凭着一身艳丽的羽毛,尤其是那迷人的尾羽来打动"爱人",换来爱情。

在情场中,野生雄火鸡是把注意力集中到与自己竞争的同伴身上。它们会雄赳赳、气昂昂地向前走去,拖着直挺的两翼,同时竖起大圆扇子的尾巴。当竞争达到高潮的时候,它的秃头会变得光亮发蓝,颈下的肉垂由白色变红色,它苦苦地追逐雌火鸡,直到匍匐在它面前时,才停止炫耀自己的羽毛变色，并进行交尾。

雌锦鸡的羽毛是暗灰色的，并不美丽，而雄锦鸡的羽毛十分艳丽，像锦缎，故以锦鸡命名。雄鸟的头冠和尾羽尤为漂亮，十分惹眼。雄锦鸡向雌性求爱时，身体微微向前俯冲，同时频频展翅，翘尾，颈羽竖立，现出非常热情的样子，以博得雌性锦鸡的青睐。

"锦鸡花鸭烂成文，连雁双凫雪羽纷。同兔王孙金弹子，飞来飞去一群群。"这是宋·陈岩的《翠羽池》诗词。锦鸡因为长得漂亮，很得诗人的青睐。

苗族人们还向锦鸡学习了独特的锦鸡舞。锦鸡舞发源于丹寨县排调镇，在方圆50多平方千米2万多人口的苗族村寨中流传，有"天下第一锦鸡舞"之称。传说，在当地苗族人民迁徙进程中，是锦鸡帮助先祖们找到了最后定居的地方，也是锦鸡为先祖们带来了稻谷、小米的种子和创造欢乐的飞歌，所以锦鸡就成了他们的命运吉星。在丹寨定居后，苗族的祖先们一边开田，一边打猎充饥度日。于是这里的苗族同胞在每年的盛大节日里举行隆重的吹笙跳月活动，敲锣击鼓，欢跳锦鸡舞，放牿子牛斗角，以纪念先祖和怀念锦鸡。生活在这里的苗族同胞长期以来发挥自己的聪明才智，与大自然奋力抗争，创造性地发展和保留了诸如锦鸡舞等民族优秀的传统文化。

雄性黑琴鸡的羽毛，黑中透蓝，在阳光照射下，闪闪生光。早春发情之际，因受生殖腺的影响，它的羽毛在蓝黑色的光辉下透着熠熠光彩，颇为耀眼，这时雄黑琴鸡围在雌鸡身旁，翩翩起舞，忽快忽慢，忽前忽后，舞姿变化多样，仪态大方，节奏明快，加上鸣声悦耳动听，足以吸引对方钟情于它。

红腹锦鸡或者叫中国山鸡，它拥有金色的顶冠和尾部还有鲜红的身体。当它们进行炫耀来吸引配偶的时候，雄性红腹锦鸡就会展开它深黄色的"翅膀"，看起来就像一把黑色和橙色混杂的扇子。

全世界存活着许多种天堂鸟，所有的天堂鸟都拥有着真正美丽的外表，而且大多数都发现于新几内亚岛。生物学家已知的有 40 种，雄性天堂鸟的翅膀是如此的色彩绚丽以至于让人非常难忘。个别种类拥有非常细长和精致的羽毛，这些羽毛从它们的翅膀和头部伸展出来。它们大多数都生活在人迹罕至的浓密雨林。

在自然界的动物中，雄性动物包括鸟类长期生存繁殖演变的结果。目的是展示雄性魅力，吸引同类雌性动物来到，提高其的繁殖量。

有些动物在情场上会表现出鲜艳的红色，现在说来，这与人类社会很有某些相似之处吧。

自远古时，红色即为一种受崇尚的颜色，它代表生存的火的颜色和生命血的颜色，如果生活中没有火，人没有血，其结果都是死亡。因此，原始人即奉红为上色。汉高祖称自己是"赤帝之子"。赤，就是红色。从那时起，红色就成了人们崇尚的颜色。汉朝以后，我国各地崇尚红色的风俗习惯已基本趋向一致，并一直沿袭了下来。

平时红色极多，像桃红、石榴红、深浅浓淡应有尽有，又有绣金的、描花的，为广大妇女所珍爱，有"红到三十绿到老"之说。可见人们对红有煞费苦心的喜爱之情。新娘蒙的盖头，通常以绮縠轻纱为主，取其轻薄，不妨行路，因其为红色，又称"红巾"，又有红绡，红纱、红裙，红鞋等，一直配下，令观者觉喜庆非凡，并预示吉祥如意。而且在结婚时洞房的布置也是以红色为主色调。《孔雀东南飞中》就有这样几句："妾有绣腰襦，葳蕤自生光，红罗复斗帐，四角垂香囊。"还有人说这一天是新娘最美丽的日子，男子这一天也穿红袍，十字披红，帽插红花，显得光彩照人，仪表非凡。

人类喜欢红色，这或许人与动物本能有着某些联系吧。

# 为选对象显绝招

动物为了配偶，使出了浑身解数，讨好对方，让人意想不到的是，它们还会向对方送礼，以求得对方的欢心。跳舞是动物的另一种求婚方式。说来真是别有情趣。

## 送礼求婚

送礼，这是一种奇特而温柔的求偶方式。如一些蝇类，雄性在求偶前先建造一个细软的和自身大小相当的丝质球，然后带球飞到蝇群中，并在那里绕圈飞行以吸引雌蝇。雌蝇相中之后，接受礼品，结成配偶双双离开蝇群，完成交配。有些则事先捕获猎物，如蚊子或昆虫翅片，有些还用丝缕裹在所获猎物上，使其显大，也许有更大的引诱作用。

有些动物已经把"送礼"发展为"请客"的形式，如公鸡找到食物之后，常常邀请母鸡共享美餐，目的便是交配，有时甚至不等母鸡食完，便色相毕露。

欧洲产的一种白头翁，在繁殖季节，雄鸟会从远处带来一支鲜艳的花枝献给它的意中人，对方转过头来看它时，雄白头翁就大献殷勤，鼓励雌鸟收下这份礼物，这也是"求婚"的信物，一旦雌白头翁接受了它的"聘礼"，即结成姻缘，比翼双飞去了。

鹰，习惯用针叶树或绿色灌木的枝条来装饰鸟巢。鹰住在草原，而草原缺少树木，因此绿色的树枝、树叶是很珍贵的。繁殖期间，雄鹰往往含着从别处弄来的绿色树枝叶送给雌鹰作为"聘礼"，绿色枝叶无疑对雌鸟是一种刺激，也是一种"求爱"的表现，如果雌鹰接受了，它们即"成婚"。

　　雄海鸥在婚恋时期捕捉一条新鲜的小鱼，舍不得吃，用鸟喙叼着飞到雌海鸥身边，如雌海鸥掉头飞去，它就紧追不舍，并且大献殷勤，一定要她收下这份礼物，雌海鸥一旦接受了这礼物，就表示"允诺"这份"亲事"，双双就会展翅飞去度蜜月。

　　澳大利亚的雄性园丁鸟，到了婚期，先用细嫩的枝条筑成一只拱形的巢，在巢窝之前展出它收集来的花、蘑菇、贝壳、果实、骨片、羽毛等等，足像一个小型展览会，以此招引雌园丁鸟前来，同时站在展览会前发出悦耳的鸣叫声，"邀请她光临"，这些筑巢、展出的活动，是来博得雌鸟的注意和好感。如果对方接受它的"邀请"，就结成伴侣，产卵、孵育后代。

　　澳大利亚有一种琴鸟，其雄性特别美丽，长着黑褐色的头，蓝铅色的面颊，身上的羽毛暗褐色，略带一点灰色，只是在喉部和两翼及长长的尾巴上覆盖着暗棕色的羽毛，尾巴平时拖在身后，求爱时直竖起来，好像一把古代的竖琴，也因此叫它"琴鸟"。琴鸟在冬季繁殖，首先由雄琴鸟清理出一块大约一平方米的场地，然后在这块领地上边鸣边舞，还把尾巴高高竖起，就用这激动的形态、舞姿和鸣叫声拨动了雌鸟的心弦，如果对方到雄鸟身边，双双结合。

雄鹈鹕求爱的方式是雄性面对着对象不住的摇头，同时用嘴巴上下不住地拍打，发出响声，以这些动作表示爱慕之情，以博取对方的青睐。有时雄鹈鹕口中衔着一根树枝，飞到雌鸟面前，摆弄各姿态，大献殷勤，如果雌鸟将枝条接了过去，就是表示中意了，于是雄鹈鹕展翅起舞，发出鸣叫声，表现出十分得意的神态，靠近雌性身边挤在一起，彼此用喙交摩着，并相互啄弄羽毛，结成伴侣，双宿双飞。

雄猕猴为了博得雌猴欢心，在婚礼之中或求偶之前，总要百般殷勤地献上许多野果作为聘礼。若"女方"接受爱情，则含情脉脉地吃起送来的聘礼。此时，雄猴则身前身后，欢喜异常地跑跳起来。

大象在结婚之前，新房却是由雌象布置的。每当春回大地的生殖期，雌象便在林子深处用鼻子挖了一个大坑，修建宽敞的新房，再摆设些佳果珍菜，然后躺在坑上，发出动听的求爱之歌。雄象闻声赶来，钻进新房，双方"说"些甜言蜜语后，便一同欢度蜜月了。

在人类社会中，自有人类起恐怕就有送礼的习俗。试想，从动物的进化来的人类，因有"首领"的差别，有好食物先给"首领"吃，向后演变，送礼就会成为人们的一种习惯。追根溯源，动物世界里的送礼也就被视为极为平常的事。

## 跳舞求婚

北美洲，沼泽地上的鹏鹏在婚恋时，跳着芭蕾舞蹈，雄鹏鹏在雌鸟面节奏地弯着颈项，整刷着羽毛，它一再重复地表演它优雅的动作，目的是想赢得她的芳心，而雌鸟蹲伏在巢上，饶有兴趣地欣赏它的表演，舞蹈接着开始了,雌鸟从巢内走出来与雄鸟对舞。这时,雄鸟也许会向它的"心上人"献上一条鱼或是一根水草,有节奏地把喙伸到湖面上,点来点去,假如那只雌鸟接受对方的殷勤,她会以同样方式来应答它的。然后双双贴紧胸膛,在水中向上挺身而游,随即进入芭蕾舞高潮,它们双双踏水急冲前进约 30 米远,然后钻到水下,一会儿钻出水面,反复表演着这种舞蹈,最后交尾,共筑新巢。

珠颈斑鸠在婚恋时,雄鸟围着雌鸟转,雄鸟每走几步,鞠一次躬,边走边低头鞠躬,而且鞠躬的次数越来越多,几乎达到每秒钟一次的地步,如果雌鸟飞身上树,雄鸟跟着上树,紧追不舍,有时雄鸟飞向云空,突然猛地合翼翻身,用滑翔的姿态降落在雌鸟身边,重新向她鞠躬不止,也鸣叫不止,直到雌珠颈斑鸠接受它的"求爱"为止。

"白丝翎羽丹顶鹤,晓度秋烟出翠微"。这是古人对丹顶鹤的赞美词。丹顶鹤,它栖息于开阔平原、沼泽、湖泊、海滩及近水滩涂。成对或结小群,迁徙时集大群,活动或休息时均有一只鸟作哨兵,是一种候鸟。迁徙时排成"一"字形或"V"字形,以鱼、虾、水生昆虫、软体动物、蝌蚪及水生植物的叶、茎、块根、球茎、果实等为食。

丹顶鹤营巢于具一定水深的卤芦苇丛、草丛中,每产 1～2 卵,孵化期 30～33 天,早成鸟,2 岁性成熟。北京动物园 1954 年首次饲养展出丹顶鹤,1964 年繁殖成功。

每年 3 月末 4 月初,当丹顶鹤到达繁殖地后不久,即开始配对和占领巢域,雄鸟和雌鸟彼此通过在巢域内的不断鸣叫来宣布对领域的占有。求偶时也伴随着鸣叫,而且常常是雄鸟嘴尖朝上,昂起头颈,仰向天空,双翅耸立,引吭高歌,发出"呵,呵,呵"的嘹亮声音。雌鸟则高声应和,然后彼此对鸣、跳跃和舞蹈。舞姿也很优美,或伸颈扬头,或屈膝弯腰,或原地踏步,或跳跃空中,有时还叼起小石子或小树枝抛向空中。

　　丹顶鹤主要以舞蹈讨好对方。舞蹈的主要动作有伸腰抬头、弯腰、跳跃、跳踢、展翅行走、屈背、鞠躬、衔物等，但姿势、幅度、快慢有所不同。而这些动作及其后续动作，又都有机地结合在一起，如弯腰——伸腰抬头——头急速上下摆动；展翅——伸腰抬头——弯腰；伸腰抬头——弯腰——脚朝下跳跃；展翅弯腰——弯腰行走——颈部和身体呈"八"字形展翅衔物——展翅行走；衔物——跳跃抛物——不变位的体旋转，靠腿力或扇翅做跳跃，弯腰动作等。这些动作大多都有比较明确的目的，例如鞠躬一般表示友好和爱情；全身绷紧的低头敬礼，有表示自身的存在、炫耀、恐吓之意；弯腰和展翅则表示怡然自得、闲适消遣；亮翅有时表示欢快的心情等。

　　丹顶鹤，是长寿的象征，丹顶鹤因其寿命是50～60岁，远远超过当时人类的寿命，所以赋予它长寿的象征，也是很有道理的。它是国家一级保护动物。丹顶鹤也叫仙鹤，中国古籍文献中对丹顶鹤有许多称谓，如《尔雅翼》中称其为仙禽，《本草纲目》中称其为胎禽。丹顶鹤是鹤类中的一种，因头顶有红肉冠而得名。它是东亚地区所特有的鸟种，因体态优雅、颜色分明，在这一地区的文化中具有吉祥、忠贞、长寿的寓意。

　　外形特征丹顶鹤具备鹤类的特征，即三长——嘴长、颈长、腿长。成鸟除颈部和飞羽后端为黑色外,全身洁白,头顶皮肤裸露,呈鲜红色。传说中的剧毒鹤顶红(也有成鹤顶血)正是此处,但纯属谣传,鹤血是没有毒的,古人所说的"鹤顶红"其实是砒霜,其颜色是红色,即不纯的三氧化二砷,鹤顶红是古时候对砒霜隐晦的说法,或许就是以色及物,形成讹传。幼鸟体羽棕黄,喙黄色。亚成体羽色黯淡,2岁后头顶裸区红色越发鲜艳。

丹顶鹤往往被古代文人墨客绘在松树上,认为丹顶鹤是长寿的,松树也是长寿的,以图"松鹤延年"。从生物学的角度上说,是大错特错的,这是因为丹顶鹤生活在沼泽地带,而松树生长在高山贫瘠的土壤,两者背道而驰,根本沾不上半点瓜葛。当然,从文化意义上看,则另当别论。

众所周知,鸵鸟是世界上体型最大的鸟类,但是很多人并不知道,在动物千奇百怪的求婚方式当中,鸵鸟的求婚最有绅士风度,最罗曼蒂克。

雄鸵鸟的爱情攻势有"三部曲"。

首先,追逐嬉戏。雄鸵鸟相中雌鸵鸟后,就会不停地追着跑。雌鸵鸟躲得越厉害,雄鸵鸟就追得越欢,一边跑一边还高唱"情歌"。

"咕咕咕""咕咕咕",脖子上的气囊被震得一鼓一鼓地。当雌鸵鸟被它的歌声所打动,不再躲闪时,雄鸵鸟拿出了自己的重头戏:跳"华尔兹"。雄鸵鸟抖动着翅膀,踏着娴熟的舞步,围着雌鸵鸟翩翩起舞。细颈摇曳,长长的羽毛在风中轻摆,脚步轻盈而有节奏感,舞姿美妙动人。

当舞跳到差不多,母鸵鸟被迷得晕乎乎时,雄鸵鸟还会使出"杀手锏",突然跪下,像绅士一样,用歌声来表达自己的爱。这时,只要雌鸵鸟愿意,便也会跪下,当场与雄鸵鸟举行婚礼。如果雌鸵鸟始终不肯接受,就会跑得远远的,雄鸵鸟也会知趣的不再穷追不舍,马上转头,又去寻找新的目标。

# 舍命夺新娘

动物在延续种族中，可以说变表现的五花八门，十分壮观。雄性动物为了争夺新娘，竟到了大打出手的地步。

## 极地动物的打斗

帝企鹅生活在地球上自然环境最为恶劣的地区——南极。帝企鹅每年只有一个交配季节，每到这个时节，雄性帝企鹅通常会跋涉整整一天来到固定的交配地，并在这里向它中意的雌性帝企鹅求爱交配。帝企鹅的爱情生活颇有一番情趣，三角恋爱和情场风波等也会时有发生。假如两只雄企鹅同时爱上了一只雌企鹅，为了争夺恋爱对象，它们常常斗得面红耳赤，遍体鳞伤。胜者会洋洋得意地迅速奔到恋人身边，紧紧地依偎在一起进行交配。如果两只雌企鹅为了争夺一个丈夫，也会出现类似的情景。帝企鹅经过上述一段爱情生活的波折后，情投意合的伴侣选择好了，繁殖地也找到了，于是它们的爱情生活便产生了一个飞跃——开始交配并产孵。雌企鹅怀卵2个月左右，在5月份左右便开始产卵。雌企鹅在产卵之后，会立即把蛋交给雄企鹅负责孵化。

争夺雌性，雄性之间会斗得遍体鳞伤，不光动物有这种现象，人类社会也有为争夺对象而大打出手。有些甚至还搭上了生命。

决斗从一定程度上表现出人原始、好斗的本性……有些有才华的人都是因为决斗失败而断送了光辉的一生……

伽罗瓦(1811—1832)是法国数学家,他就为一个女人而同他人决斗而死,时年21岁。他被公认为数学史上两个最具浪漫主义色彩的人物之一。

伽罗瓦在遗书中写:

"我请求我的爱国同胞们,我的朋友们,不要指责我不是为我的国家而死。

我是作为一个不名誉的风骚女人和她的两个受骗者的牺牲品而死的。我将在可耻的诽谤中结束我的生命。噢!为什么要为这么微不足道的,这么可鄙的事去死呢?我恳求苍天为我作证,只有武力和强迫才使我在我曾想方设法避开的挑衅中倒下。"

英国剧作家莎士比亚手下的《罗密欧与朱丽叶》,是著名的悲剧人物。罗密欧与朱丽叶也是为爱情而死。

这为爱情而死的悲剧,实在是振聋发聩。

## 羊家族争斗很可怕

红角羚羊三岁就到了性成熟了。

你看,这只三岁的红角羚羊成了同类中最雄壮也最深沉的一员。与其他青春期的雄性同类不同的是:红角羚羊很少在异性面前显弄自己,倒是有不少异性躲开其他雄性的纠缠而偎向他。而且,大多雄性同类对红角羚羊暗存敬畏之心,从不敢挑战。

这天,羚羊王在属下们让出的一片肥草中静卧歇息时,红角羚羊决定行动了。羚羊王架子未倒,威风尚在,但明显地带有苍老之态了,种群的跋涉也由此缓慢下来。红角羚羊觉得是取而代之的时候了。

红角羚羊沉沉缓缓地走近羚羊王,那不卑不亢的架势和憋足了劲的头角,大家一看全都明白了,都伸头看,紧张兮兮。羚羊王当然也看明白了,呼地立起,勾头扎蹄像要迎战。红角羚羊却并不主动出击,在羚羊王眼前站定,一动不动。羚羊王也不出击,有点儿一反常态了。

　　僵持了一阵,三岁的红角羚羊冲向旁边的一棵树,红角一顶一摆,霎时,碗口粗的树杆齐腰折断。红角羚羊再走近羚羊王时,羚羊王做仪式一般主动顶了红角羚羊一下,尔后便塌了架子走向羚羊群。

　　红角羚羊成了羚羊王。接任的第一天,红角羚羊王登上一个高岗,面对属下同类吼叫了好久。灵性是可以启发的,众多头羚羊围绕着新王一齐吼叫。

　　通常情况下雌性动物是没有角的,但是也有些雌雄动物个体都长有角,如在体型较大的羚羊中,雌性是用角来刺伤对手以保护它们的幼仔。那些被雄性个体用来炫耀的角状物,是他们在打斗中使用的武器,这些武器在雄性的发情期中可以增强他们的繁殖信心。雄性所拥有的角状物要远远大于雌性,它们复杂的形状通常是为了在头对头的碰撞中躲避和挡开对手的攻击而形成的。对于鹿来说,成年雄鹿的角是每年脱落一回的;而雄性的羚羊、绵羊和野牛却拥有永远不会脱落的角。战斗通常是力量的考验,交战者每次都会竭尽全力攻击对手。而且北山羊、加拿大盘羊、山羊和麝牛的争斗是很激烈的冲撞,争斗者朝着对手快速跑去,以头互相顶撞,令人吃惊的是,任何一个参与者都能忍受得住可造成头部粉碎的撞击。

　　动物头部抗撞的秘密在哪里?

　　这主要表现在他们头骨的结构上。就像具有铁头功的人一样,如雄性麝牛拥有像防撞头盔一样的头骨,这样的头骨可以充当减震器以减轻冲撞对于脆弱的大脑组织所造成的损伤。撞击所产生的压力是相当大的,例如加拿大盘羊的头骨可以经受的撞击是人类头骨耐受极限的 60 倍。加拿大盘羊之所以能够耐受那么大的压力,是因为它们头骨骨板之间的齿状缝隙使得这些骨板能够移动,从而可以分散碰撞带来的大部分撞击力。

动物的"争婚"打斗,人类也有类似的影子。仡佬族就有打新郎的习俗。

在黔西北的仡佬族,婚礼很有趣。新郎骑马去迎亲,有 4 个伴郎相陪,其中 2 人扛着竹扫帚,另 2 人抬着酒肉礼物。途中有女方派出的几个壮汉拦路"抢劫",把"抢"来的酒肉在山坡上吃掉,表示女家富有,不稀罕你这点礼品。新郎到了女方寨门,有一群人手执木片围"打"新郎,男方执竹扫帚者要全力保护突围。新郎跑进女方家门,马上有"敬亲酒"招待,而且新郎与新娘也相互敬酒。敬酒毕,新郎将新娘"抱"上马背,新郎执缰引路而归。

北冰洋中的独角鲸是世界鲸类中最珍贵的品种。独角鲸身长 6 米,雄性上颌向前长出一根或两根 2.4~2.7 米长笔直的螺旋状的长角,类似于中世纪重装骑士的长矛,据说这是它争夺雌性的武器。人们过去常常把独角鲸看成是传说中独角兽的化身,一些国家的王室甚至把鲸牙当成驱魔与解毒的工具。

独角鲸最诱人之处,是被称为"角"的獠牙,它在人们眼中很有神秘色彩。古代欧洲的王公贵族把它看成宝物,用鲸牙做成酒杯以检验酒是中否有毒,或用它做家具、饰物以显示华贵和富有。更有人把它看成灵丹妙药,用它医治百病。其实,最终其使用价值的,还是北极地区的爱斯基摩人,他们用它做鱼叉和矛头,用来捕猎。

羚牛每年 7～8 月进入交配季节,这时雄牛的性情变得格外凶猛,为了争夺雌牛,强壮雄牛间互相展开殊死的角斗,失败者退居群后,胜利者才得以与雌性交配。羚牛的孕期约 9 个月,一般在翌年 3～5 月产仔,每胎一头,平均寿命为 12～15 年。

藏羚羊实行一夫多妻制,一只雄性藏羚羊可占有 4～13 只成年雌性。在交配季节,雄性为获得交配权,不断地向雌性展示其黑(面部及四肢正前面)白(其他部位)两色为主的漂亮求婚礼服、强壮的身躯和威武的长角,显示其优秀的品质。求偶场上,既有热烈的求婚仪式——追逐,又有雄性之间激烈的竞争场面——驱赶和打斗。

你还记得吗?福娃迎迎是一只机敏灵活、驰骋如飞的藏羚羊,他来自中国辽阔的西部大地,将健康的美好祝福传向世界。迎迎是青藏高原特有的保护动物藏羚羊,是绿色奥运的展现。

迎迎的头部纹饰融入了青藏高原和新疆等西部地区的装饰风格。他身手敏捷,是田径好手,代表奥林匹克五环中黄色的一环。

福娃是北京 2008 年第 29 届奥运会吉祥物,其色彩与灵感来源于奥林匹克五环、来源于中国辽阔的山川大地、江河湖海和人们喜爱的动物形象。福娃向世界各地的孩子们传递友谊、和平、积极进取的精神和人与自然和谐相处的美好愿望。

福娃是五个可爱的亲密小伙伴,他们的造型融入了鱼、大熊猫、藏羚羊、燕子以及奥林匹克圣火的形象。

每个娃娃都有一个琅琅上口的名字:"贝贝""晶晶""欢欢""迎迎"和"妮妮",在中国,叠音名字是对孩子表达喜爱的一种传统方式。当把五个娃娃的名字连在一起,你会读出北京对世界的盛情邀请"北京欢迎你"。

福娃代表了梦想以及中国人民的渴望。他们的原型和头饰蕴含着其与海洋、森林、圣火、大地和天空的联系,其形象设计应用了中国传统艺术的表现方式,展现了中国的灿烂文化。

## 麋鹿间的争斗

雄性麋鹿之间为争夺配偶的角斗算是比较温和的,很照顾雌性的情绪。没有激烈的冲撞和大范围的移动,角斗的时间一般不超过 10 分钟,失败者只是掉头走开,胜利者不再追斗,很少发生鹿之间的伤残现象。公鹿占群后,其他公鹿窥视母鹿时,占群公鹿仅用吼叫和追逐等方式赶走对方。

麋鹿原是我国特产的珍兽,起源于早更新世晚期,距今 200 多万年。其化石从我国东北辽宁省到长江以南,几乎整个中国的东部地区均有分布。由于人类的大量捕杀和气候的变化,使野生麋鹿种群在 19 世纪后半期绝灭。到清朝时仅在皇家猎苑北京郊区的南海子饲养着唯一的一群。

1865 年,法国传教士大卫在猎苑隔墙发现了麋鹿,贿赂守苑人,取得麋鹿皮及头骨,第二年麋鹿以大卫氏作为种的命名。其后,南海子麋鹿流入欧洲多家动物园。

　　1900年，八国联军入侵北京，再加上水灾，使南海子的麋鹿全部毁灭。50年代从英国接回几头种兽，1985年再从英国乌邦寺接回20头，在它们祖先的故居北京南海子还家落户，重建种群。目前，我国另一个麋鹿饲养中心为江苏大丰麋鹿保护区。

# 忠贞不渝的爱情

"色不迷人人自迷,情人眼里出西施。""身无彩凤双飞翼,心有灵犀一点通。""比翼鸳鸯真可羡,双去双来君不见。"这些千古名句,在民间广为流传,历久不衰,表现了人类对爱情的追求和表达。有些动物对爱情的追求,也是有过之而无不及,其行动惊天地泣鬼神。

## "模范夫妻"表彰台

丹顶鹤是对爱情非常专一的鸟儿。它们都是终身婚配,一旦婚配成对,相互间便十分亲密,偕老终生。就是遇到危险,一方也不会抛弃另一方独自逃命。若是其中的一只不幸先见上帝了,那剩下的一只则寡居不婚,空守洞房,直至寿终正寝。

天鹅为爱情会做出牺牲,这远远超出了人类的爱情。人类的爱情同天鹅相比就会显得逊色。

天鹅实行一夫一妻终身制,有人称其为动物中"道德情操"的楷模!雌雄鸟在秋季互相炫耀,追逐配对。配对后的天鹅夫妇,极其恩爱,朝夕相随,栖息相依,飞则比翼,形影不离相伴终生。古人用"雌雄一旦分,哀声流海曲"和"步步一零泪,千里犹待君"的诗句,来形容天鹅的情深意重。

20世纪60年代的一天,俄罗斯人斯杰潘背起猎枪来到了贝加尔湖畔。

忽然看到了一只硕大的天鹅在草塘上空盘旋啼鸣，而另一只天鹅在地上呼应。再仔细观察，哦，可能是在地上的哪只受了伤。斯杰潘想："我把受伤的天鹅抱回去治伤。"就过去想抱起天鹅。只感觉一阵黑影飞过，身体突然遭到袭击，差一点就击倒。一看在空中飞过的天鹅，他顿时明白了，他自己虽然是好意，但天鹅不理解，所以就向他发起了进攻。斯杰潘虽然遭到了攻击，但他还说："好样的！"斯杰潘摸着火辣辣的脸庞，一步一步退去了。

斯杰潘只好回到家里。天不作美，一连下了几天大雪，气温下降到零下 40 摄氏度。大雪一停，斯杰潘心里还惦记着天鹅，于是，他冒着严寒来到苇塘边，到处是雪，水面完全冻结，除了呼呼的风声外，看不到任何生机。站在远处，他看到了前面的天鹅还在那里，眼前突然一亮，心里升起了新的希望。

斯杰潘走近一看，被眼前的情景惊呆了：两只可爱的天鹅冻僵了。它们紧紧地拥抱在一起，雄天鹅用翅膀护着受伤的雌天鹅，为它挡风遮雪，而它那长长的颈脖互相缠绕在一起依偎，紧紧缠绕在一起，就像它们那不可分割的命运，把它们结合在一起。大地见证了它们视死如归的爱情。

上海动物园曾有一对疣鼻天鹅，配对多年，当其中一只病死后，另一只悲哀徘徊，始终没有重新择偶。可见，它对配偶的忠贞。

青海湖的斑头雁求爱时，是相互的。它们相互追逐，这时雄雁特别主动，它在追逐时，将头部不停的上下摆动，发出"呵哥——格，呵哥——格"的十分亲昵的叫声，如果双方中意，就跳起舞来，跳得激情奔放时，雌雁微展双翅，相就交尾，完成"婚配"。如果失去任何一方，存活的决不另配，宁可成为孤雁，它们是严格遵守"一夫一妻"制的动物。

大雁也是终生"夫妻"的模范，从不独活。一群大雁里很少会出现单数。一只死去，另一只也会自杀或者郁郁而亡。

企鹅一旦发育成熟，到了择偶期后，雄企鹅首先潜入深水部位，遨游数千米乃至数十千米，寻找求爱的礼物，哪怕是一块小石头。要知道在南极四处是冰天雪地，要找到一块石头不是很容易的。光找到石头还不行，这块小石头的形状和色泽必须使它未婚妻感到高兴和满意才行。然后，雄企鹅衔着这块石头，去寻找它心目中的情中人。一旦姻缘良机到来，雄企鹅就把这块石头放在雌企鹅的"脚"边，用心呵护，耐心等待。雌企鹅如果看中，接受求爱，就把这块石头衔回事先筑好的巢里，雄企鹅便尾追其后。雌企鹅如果不想与雄企鹅谈恋爱，便拍打翅膀，并用嘴巴去啄，让它离开，雄企鹅便悻悻而去，劳而无功浪费了心思。

企鹅之间的爱情是纯真的。当一只企鹅生病或受伤时，甚至在险恶的情况下，生命受到威胁，它的伴侣绝不会离开，直到康复或死去。人们常常看到这样的情景，成双成对的企鹅死在一起，因为它们中的任何一个都不愿抛弃另一个，真是"生命诚可贵，爱情价更高"。

## 鸟夫妻与生死恋

鹦鹉不仅长得美丽,而且是野生动物中最温柔的情侣。在长期的生活中始终在一起,彼此忠诚,互敬互爱,保持着十分稳定的婚姻关系。雄鹦鹉还会大献殷勤,经常从热带森林中摘到可口的水果,奉送给雌鹦鹉,并还用喙凿开坚硬的果壳,然后,双方喙对喙共同享受美味佳肴。虽然每次总是雄鹦鹉吃去一大半,但雌鹦鹉心甘情愿,毫无怨言。它们除了吃食时喙喙相对外,平时也经常喙对喙地进行接吻,长期厮守,互通衷肠。

鹦鹉非常聪明,是爱情分忠贞的模范。2005 年 7 月 7 日的《辽沈晚报》曾报道了这样一件感人的事:一天早晨,一场阵雨过后,家住沈阳的吴老汉照例把他养的雌鹦鹉的笼子摆到了窗台上。就在这时,一只长尾巴的黄色鹦鹉飞来,围着笼子打转。吴老汉将鸟笼门打开,就在雌鹦鹉歪头向笼外端详的时候,黄鹦鹉竟神奇般地钻入笼中,跟雌鹦鹉一见钟情,头碰头、嘴叨嘴地亲热起来……从此这两只鹦鹉便形影不离地生活在一起,美满而幸福。然而天有不测风云。一天早晨,吴老汉将两只鹦鹉放出来,让它们在屋子里"遛遛"。没想到没见过大世面的雄鹦鹉看到镜子中自己的影像,竟误认作是要横刀夺爱的"情敌",便一头向镜子撞去,当场碰得头破血流,嘴部受伤。受伤后的雄鹦鹉不能吃食,雌鹦鹉就像哺育小鸟一样给它喂食,悉心照料它,十多天来天天如此。吴老汉也想尽一切办法给雄鹦鹉治疗,但终无回天之力。就在一天晚上,雄鹦鹉撇下了新婚不到一年的"妻子",离开了世间……雄鹦鹉死后,形单影只的雌鹦鹉终日郁郁寡欢,不思饮食,再也听不到它悦耳的鸣唱了。吴老汉看了十分心疼,便从别处又要来了一只雄性白鹦鹉与之相伴。虽然白鹦鹉每天都细心地为雌鹦鹉梳理羽毛,但仍然提不起它的精神来。不久,雌鹦鹉终因伤心过度,默默地死在了笼里,演绎了一出哀婉凄绝的"鸟夫妻""生死恋"……让人也感动不已。

## 白头偕老

"在天愿作比翼鸟,在地愿为连理枝"是我国古代文人歌颂忠贞不渝爱情的著名诗句。古往今来,人们都将比翼鸟作为恩爱夫妻的最好比喻。这里的比翼鸟很可能就是现今的相思鸟。

相思鸟是一种极为美丽的小鸟,身长约15厘米,体型矫健玲珑,背部具有暗绿色的羽毛,胸腹的黄色羽毛金光闪闪,两翅镶嵌着红彤彤的斑纹,色彩极其艳丽,鸣叫声音,清脆悦耳,是著名的欣赏鸟。

相思鸟栖居在阔叶林、灌木丛或竹林中,它们喜欢成群地在树林中活动,在群体中,又常常成双成对地生活。在每年春天繁殖季节到来的时候,雌雄鸟更是形影不离。当雌鸟飞走时,雄鸟一定同行,如雄鸟先起飞,雌鸟也紧密相伴。谁先飞到目的地,谁就在枝头上发出"鹈鹈"的叫声,以召唤自己的伴侣。

"相思鸟因相思而生,又为相思亡。"相思鸟的一生全是因为相思而活。如果其中之一遇到不幸,那它的伙伴将长久地巡飞在枝头,频繁地发出哀婉的鸣叫声。它们爱情至深,实在令人感动。

相思鸟一般在阔叶林上或灌木丛中筑巢。在筑巢时,雌雄相思鸟一起取来材料,一起施工建巢,合作得非常默契。

雌鸟产卵后,孵卵也是雌雄鸟共同负担,交替孵抱,直到幼雏出世。幼鸟随父母一起生活,他们以野生植物的种子、蚂蚁和其他许多昆虫为食。

相思鸟不仅在中国是有名的观赏鸟,在国外也很受欢迎。有些国家把它称为"爱鸟",常作为珍贵的礼品赠给新郎新娘,祝他们像相思鸟一样恩恩爱爱,白头偕老。

## 金屋藏娇

在鸟类中,有一种会造"金屋"以进行"藏娇"的鸟,叫做犀鸟。这种鸟的繁殖习性非常特殊,在繁殖期间,真的是"金屋藏娇"的。

在繁殖季节,斑犀鸟选择大树上,现成树洞进行营巢。这种树洞很宽大,离地面很高。当雌鸟进洞后,雌鸟就用自己的排泄物,混着腐木等物,将洞口堆积起来。同时,雄鸟在洞外用泥土及吐出的食物残渣等,将洞口进行封闭,只露出一个仅能让雌鸟伸出嘴尖的"小窗口"。这样,"娇妻"便被藏到了"金屋"!

雌犀鸟"金屋"里孵卵、育雏,又安全,又舒适。它不需担心爬到树上来的猴子、松鼠、蛇等敌害的侵袭,也不怕风雨的浸淋。肚子饿了,有雄鸟从"小窗口"中递送食物,真是越来越"娇"了!

在育儿期间,雄鸟可是越来越忙了!为了不使"娇妻"饿肚子,它必须一次又一次地去找食物。这时,雄鸟还会将自己砂胃中的一层壁膜脱落下来,吐出体外,形成一个薄囊。它就用这个薄囊贮放找来的食物(如各种果实等),带去喂雌鸟。

雏鸟出壳后,雄犀鸟的责任就更重了,它要负起一家数口的食物供应重任,每天都要往返多次为"妻儿"们递送食物。

雏鸟不断长大,到快会飞翔时,才将封闭物啄破,雌鸟和雏鸟们也就从巢里出来了!

此时的雄犀鸟,大多也是瘦骨嶙峋,为此,人们把他称为"可怜的犀鸟的爸爸"。

在繁殖期间,如果雄鸟不幸死亡了,雌鸟和子女怎么吃到食物呀?

这时就会出现殉情的悲惨故事。

雌鸟等不到雄鸟归来，将会和自己未出洞的孩子，守在洞中，绝食直到死亡。

原来，这种鸟终生只有一个配偶，倘若这个配偶不幸死去，那么另外一只，也会用绝食的方式，来了却自己灿若夏花的生命。

有些动物的婚恋，让人佩服。不但在"婚恋"上坚守"一夫一妻制"，而且对配偶忠贞不渝，"白头偕老"。它们这种本能的自律，远胜过人类的道德法律约束，说来让人感慨。然而对动物自身来说，具有这样的美德却并非好事。从遗传学的角度出发，在生态环境日益恶化的情况下，这种"从一而终"的"一夫一妻制"只能加速该物种的灭亡！

# 植物婚妆色加香

提起《花为媒》的戏剧片,大家十分喜欢,它叙述了古时一对青年男女以花为媒相识相恋的故事。从生物的角度看,花本身也是需要媒人的。不过,这个媒人会是谁呢?

## 植物开花的秘密

植物要进行有性生殖,需要花开。这里还有不少秘密哩。

花中的主要部分是雄蕊和雌蕊。雄蕊由花药和花丝两部分组成,花药成熟后会释放出花粉。雌蕊由柱头、花柱和子房组成。当花粉落到柱头上后,受到柱头黏液的刺激,就会萌发,逐渐长出花粉管,慢慢伸长,并产生两个精子,通过胚珠的珠孔进到胚珠内,花粉管随即破裂,释放出两个精子,一个精子与卵细胞结合,形成受精卵,将来会发育成胚,胚是植物的幼体。另一个精子与两个极核融合,将来发育成胚乳,没有胚乳的种子营养物质会被子叶吸收,成为无胚乳的种子。这样,胚珠后期会发育成种子,子房发育为果实。

有些植物的花儿要受精,有些植物自己不能完成,需要"媒人"来帮忙,这些媒人可非同反响,五花八门。有的是昆虫,有的是鸟,有的是哺乳动物,有的是风,有的是水……

花儿不仅点缀了大自然的景色,而且给人带来了馨香的气息。当我们置身于馥郁芬芳的花香之中,或许你会问:这清香扑鼻的花香是怎样产生的呢?

科学家通过研究发现,花的香味来源于花瓣中有一种油细胞,它会不断分泌出带有香味的芳香油。因为芳香油很容易挥发,当花开的时候,芳香油就会随着水分一起散发出来,这就是人们闻到的花香。

当然,自然界中还有一些花,虽然它们的花瓣中没有油细胞,但闻上去也有阵阵香味。原来,它们的细胞中含有一种叫做配糖体的物质,配糖体本身没有香味,但当它经过酶分解的时候也能够散发出芳香的气味来。

再者,不同花儿分泌芳香油和分解配糖体的能力是不同的,这就是有的花香浓烈、有的花香清淡的原因。一般来说,白花和淡黄花的香气最浓,其次是紫花、黄花、浅蓝花的香味最淡。但也有例外,比如白芍药就不如紫玫瑰香,因为花香的浓淡又与花的品种有关。

有些人或许还要问:花儿为什么要产生香味呢?

原来,花香的散发是传宗接代的需要,都是适应环境的结果。香味可以把昆虫吸引过来,昆虫在花蕊上起到了传播花粉的作用,达到授粉,结籽、传代的目的。所以我们要懂得:花儿开不是为人欣赏的,花儿香也不是要让人舒适的,而是自然选择的结果。

其中,芳香油除了散发香气,吸引昆虫传粉外,它的蒸发还可以减少水分的蒸发,覆盖在植物的表面,形成一层"保护衣",使植物避免白天强烈的灼烧和晚上寒气的侵袭。此外,香气物质多具有消毒、杀菌、杀虫,具有防腐功能,所以"保护衣"还有除虫灭菌的作用哩。

是不是所有的花都香气四溢,都会产生香味呢?

据说地球上有 20 多万种开花的植物,但能散发香味的花竟只占一小部分,大自然中的花并不都是香味十足的。而且任何一种花,其色、香、韵齐全的不多,极少部分的花还有臭味的呢,比如鱼腥草开出的花就很臭。

颜色对花香有影响。花的色彩众多,那么,不同颜色的花儿对花的气味有无影响呢? 有人通过调查研究,统计了4260种花的颜色和气味,得到了这样一个表:

| 颜色 | 白 | 黄 | 红 | 蓝 | 紫 | 绿 | 茶 | 橙 | 合计 |
|---|---|---|---|---|---|---|---|---|---|
| 有香味 | 362 | 136 | 161 | 54 | 40 | 22 | 7 | 4 | 786 |
| 不香 | 891 | 801 | 752 | 533 | 260 | 129 | 10 | 44 | 3420 |
| 有臭味 | 12 | 14 | 9 | 7 | 7 | 2 | 1 | 2 | 54 |

从上表我们可以看出:白色花有香味的种数非常多,橙色花几乎都无香气;茶色的花香味也很少,可茶色花中有香味的比例最高。

## 动物“媒人”

花儿的香与臭,都能吸引昆虫为它传粉,正是酸甜苦辣,各有所好。

世界最大的花——大王花。大王花生长在热带森林里,每年的5~10月,是它最主要的生长季节。当它刚冒出地面时,大约只有乒乓球那么大,经过几个月的缓慢生长,花蕾有乒乓球般的体积,变成了甘蓝菜般的大小,接着5片肉质的花瓣缓缓张开,到花儿完全绽放约要两昼夜的时间。大王花好不容易开出巨大的花朵来,但只能维持4~5天,花朵会不断地释放出一种奇特的臭味,大型的动物会敬而远之,一些逐臭的昆虫会来作“媒人”。当花瓣凋谢时,会化成一堆腐败的黑色物质,不久,果实也成熟了,里头隐藏着许许多多细小的种子,随时准备掉入地中,找寻适当的发芽地点。

借助昆虫传送花粉的方式叫虫媒,靠昆虫传粉的花叫虫媒花。适应昆虫传粉的虫媒花一般具有鲜艳美丽的花被,芳香的气味和有蜜腺分泌的蜜汁。此外,虫媒花的花粉体积较大,表面粗糙突起,有的甚至粘着成块,易附着在昆虫身上,利于携带。

鸟类也能做花的媒人,借助鸟类传送花粉的方式被称为鸟媒,靠鸟传粉的花叫鸟媒花。全世界大约有 2000 种鸟起传粉作用,最重要的传粉鸟有蜂鸟、太阳鸟、啄木鸟等,体型一般较小,其中典型的是蜂鸟。南美洲就有许多种类的蜂鸟,它们体小如蛾,飞行迅速,鸟嘴细长如蜂吻,故名蜂鸟。

蜂鸟可以利用长嘴进入花瓣合生的花冠口部,吸食花蜜。当它采蜜时,长长的鸟嘴总是沾满了花粉,然后拜访其他花时先前的花粉就撒落在后者的柱头上,为植物完成了授粉作用。据统计,一只蜂鸟在 6.5 小时内可采访 1311 朵花,真是勤快的拜访者。

在长期的进化过程中,鸟媒花和传粉鸟具有很特殊的共同适应性变化。典型的鸟媒花,花冠较坚实,能经受一定程度的碰撞,花瓣合生或靠合成管状,花冠的长度及开口的形状(通常二唇形)与传粉鸟的喙及头部形状相吻合;花蜜的分泌量大;花药是固定的,不能转动,碰撞时容易散出花粉;花朵着生的位置比较显眼;花色多为能引诱鸟类的红色或橙色;花期长,白天开放。

在我国西藏南部有一种太阳鸟,样子很像蜂鸟,也可以为花冠是管状的花传粉。

在美国西南部有 130 多种植物完全依靠蝙蝠来传粉受精、繁殖后代,科学家给这些植物起了个名字,叫蝙爱植物,其中以龙舌兰最具代表性。

夜晚,月华初升,蝙蝠开始活跃起来,而这时也正是大朵的龙舌兰竞相开放的时候,它们散发出一股刺鼻的香味在林中飘荡。这种香味中含有丁酸分子,而蝙蝠身上的气味中就含有丁酸。在同样的气味的招引下,蝙蝠展开巨大的双翼向龙吉兰飞去。

龙舌兰的雄蕊花粉非常突出,当蝙蝠把头伸入花冠吸吮花蜜时,它的头和胸上就会沾满花粉,等它飞到另一朵花上采蜜时,就帮助龙舌兰完成了传粉工作。

蝙蝠喜爱这种植物是有道理的,因为帮它传粉得到的报酬十分丰厚。龙舌兰一个大花序上就能提取 50~60 毫升花蜜,其中蛋白质含量高达 16%,而龙舌兰的花粉本身也常常是蝙蝠的美餐,这些花粉中蛋白质含量甚至可高达 43%!

无论是龙舌兰的香型、开花时间、花蜜和花粉的营养,都十分适应蝙蝠的需要,难怪蝙蝠喜爱它。

此外,蜗牛、壁虎、负鼠、狐猴和丛猴等也有传粉作用。如在万年青属、海芋属和金腰子属等植物上,蜗牛和舌觥在其上爬行时就可以传播花粉;新西兰的一种亚麻靠壁虎为其传粉;澳大利亚的负鼠为龙眼科植物传粉;灵长类动物也有传粉作用。由于脊椎动物食性杂,除了采集花粉、花蜜外,也采食果实、种子,这是脊椎动物与无脊椎动物传粉的区别。

## 风为媒

有花植物中还有一类利用自然界的风传粉受精的植物,它们的花小而多,既不美丽,也无蜜腺,花萼、花冠则多数退化了,其中最突出的是杨树。北方较常见的是毛白杨,花单性,雌雄异株,各自组成柔荑花序,外形像一条条毛毛虫。每年4月左右,正是杨树开花之时,高大的树上挂着一条条柔荑花序,花序在春风中摇摆,放出许多小如尘土的花粉。杨树的雄花花序上有许多小杯子状的花,杯口倾斜,杯外有一苞片,边缘有许多小裂。此外,杯子中除生有几根雄蕊,别无他物。

杨树雌株花序上的雌花与雄花类似,无花萼、花冠,只有一个雌蕊。由于无花萼、花冠阻挡,雄花更易传到柱头授粉。

靠风力传送花粉的方式称为风媒。如杨树、栎树、桦木及大部分禾本科植物等都是风媒植物,它们的花叫风媒花。风媒花的花被不显著,没有鲜艳的颜色,或不具花被,没有香气和蜜腺。它们的花粉光滑、干燥而轻,便于被风吹送,花粉的量多,更多地保证了传粉的机会。有些风媒植物的雄花序长而倒悬,微风吹拂,动摇不已,所含花粉任风吹送;有些风媒植物的花在植株放叶前或放叶的同时开放,这样由于阻碍较少而利于花粉的传送;禾本科植物雄蕊的花丝比较长,花药悬垂花外,随风摇曳,散布花粉。所有这些摆动的花序和花药都是风媒植物对风媒传粉的一种适应。同时,同媒花的雌蕊为增加接受花粉的机会,一般是柱头扩展非常显著突出,如稻的羽状柱头。

松树是风媒花的植物,花粉是松树花蕊的精细胞,这是生命之源,担负着松树繁衍的重任。在橄榄形细胞两侧各分布一只气囊,一到阳春三月,花粉成熟季节,气囊自动充气,随风飘散。产生的花粉很多,每当下雨的时候,雨水把松树的花粉冲了下来,黄色的花粉落到水里,漂浮在水面,随风飘到一边,几乎会把地面覆盖。这样大量的花粉会保证松树的雌蕊授粉,保证了传宗接代。

许多水生植物如金鱼藻属、茨藻属等,常常赖以水力进行异花传粉,被称为水媒花,其中最绝的是苦草。此草属于水鳖科,为沉水无茎草本植物,叶窄长如带状,花单性,雌雄异株,雄花多数,生于一个苞内,雌花单生于一个管状苞内,此苞生于一极长的线形花茎顶端,可使雌花浮在水面上,当雄花成熟时,就漂出苞外,浮到水面上来,并借助水力,漂近雌花。雌花受精后,长花茎旋卷,将子房拖到水下,在水底结果。

# 变形变色难相认

　　动物在生存过程中,还会变形变色呢,真是让人难以相认哩。

　　大地因为有各种各样的植物而变得丰富多彩,五颜六色。形形色色的动物生活在其中,因而使自然界变得鲜活而姿态万千。生物保护自己的"法宝"也变得离奇古怪。

# 动物的保护色

有些动物具有"色随境变保安全"的绝招。

## 保护色巡礼

栖居于草地上的绿色蚱蜢,其体色或翅色与生境极为相似,不易为敌害所发现,利于保护自己。菜粉蝶蛹的颜色也因化蛹场所的背景不同而有所差异,在甘蓝叶上化的蛹常为绿色或黄绿色,而在篱笆或土墙上化蛹时,则多呈褐色。这些就是动物的保护色。

动物的保护色,是指一些昆虫的体色与其周围环境的颜色相似的现象。如每一个捕捉昆虫的人都知道,由于昆虫有保护色,要找到它们十分困难。你不妨试着去捉在你脚边的草地上吱吱叫着的绿色蚱蜢——在掩护着它的绿色背景里,你很难看清蚱蜢究竟藏在哪里,如同儿童在捉迷藏。

对螳螂的观察表明,当螳螂处于与自己体色相似的背景中时,比在与体色不一致的背景中被天敌消灭的机会要小3倍。

许多动物都能按照周围条件的变动来改变保护色的色调,功能十分奇特。

冬天的黑龙江地区格外寒冷,经常大雪纷飞,银装素裹。人们在雪后的田野里行走,周围异常寂静。突然,会发现在不远处"啪啦啦"地飞起一群白色的鸟,落在附近的桦树上,不时地用警觉的目光巡视着人们。它们形似大白鸽子,腿上长着不少羽毛,几乎看不到脚趾;夏季,还是在这些地方的灌木丛中,会钻出一对对栗褐色的"大鸽子",与冬天见到的形状一模一样,就是羽色大相径庭了。

这可是同一种"大鸽子"——雷鸟,不过羽毛为什么会有如此的天壤之别呢?

原来,雷鸟一年之中伴随着春夏秋冬季节的更替,要换四次羽毛,是鸟类中换羽次数多的佼佼者。春风呼唤着沉睡的大地,使万物从寒冬中苏醒,树枝吐出新绿,小草从湿润的泥土中心悄悄地钻了出来,广阔的原野开始有了勃勃生机。感觉灵敏的雷鸟,将头部、颈部及胸部的白色冬羽,立刻换上带有暗色横斑的棕黄色"春衣",配上红色的眉纹,显得格外别致。盛夏来临,骄阳似火,树木枝叶茂密,庄稼苗壮成长,一片郁郁葱葱,雷鸟从头至尾,又换上一身栗褐色的"夏衣",只在翅膀和尾部先端还留有白色羽毛。

秋天,家燕南去,大雁飞来,田地山坡一片金黄,高粱红透了脸,谷子压弯了腰,正是秋季收获的季节。树上的叶子由绿色会变成红与黄的色彩,这些因素似乎给了雷鸟换羽的提示,它急忙脱去了"夏装",穿上具有黑色带斑和块斑的暗棕色"秋衣",一群群忙碌地觅食在草丛中。

"霜降"一过,寒风刺骨,冰天雪地,雷鸟适时摇身一变,换了一身白色的"冬衣",活动在皑皑白雪之中。

大家或许好奇地问:大自然为什么让雷鸟如此这般频繁换羽呢?

从分类上雷鸟与鸡是近亲,但它并不长有鸡那样坚硬的喙和锐利的距,个体又比较弱小,体长仅 30 多厘米,遇有敌情时,一没有强壮的身体,二缺乏进攻式的"武器",只好凭借一手高超的"隐身法",使羽色与所栖息的环境巧妙地协调一致,避开敌害的视线,从而免遭杀身之祸。

大家在看《动物世界》栏目时,会发现企鹅前面总是白的,你知道这是怎么回事吗?

企鹅下水后,从上面往下看,企鹅的背部和深海的颜色一致,而从下往上看,企鹅的腹部和冰层颜色又相同。背部的黑色与海边岩石的颜色接近,可以躲避敌害;黑色还可以便于吸热,保暖,腹部白色与海上冰层及白云颜色接近,使企鹅海中的天敌误认为是浮冰或白云,这样,企鹅可以在恶劣的环境中存活下来。这得力于企鹅的保护色。

银鼠也有随季节更换体色的特性。大雪纷飞,皑皑白雪,银装素裹,这时候银鼠的体毛就会变成白色,来适应环境,保护自己。当春天吹来,大地披上了绿色,这种可爱的白色小动物会换上一身红褐色的新体毛,使自己的体色跟从雪里裸露出来的土壤的颜色打成一片,让敌害难以区分。

北极熊生活在冰天雪地里,那里的气候异常寒冷。北极熊有抵御寒冷的法宝。

它身体上那层厚厚的长毛,也会帮助它增加御寒能力。科学家对北极熊浓密的皮毛进行了研究,发现其毛发并不是白色的,而是无色透明的。这种毛发实际上是一个个空心管子,好像一根根石英纤维。这些毛发能把射入的太阳光散射开来,使毛发看起来呈白色,形成了北极熊极好的保护色,与冰天雪地融为一体。同时,这种毛皮还能把散射的辐射光传递到皮肤表面。辐射光被吸收并转变成热能,使北极熊在新陈代谢中所损耗的热量得到补充。令人惊奇的是,北极熊这种天然的太阳能收集器效率很高,能把95％以上的太阳辐射能转为热能。

据测定,北极熊四分之一的热能需求是由这身白色毛皮提供的。这些毛皮又是很好的隔热体,使北极熊身体的热量很少散失,所以北极熊不怕冷。

其次,它的脚掌,长得又肥又大,而且还有一层很厚的密毛,就像穿了一双毡鞋,自然就把把冰天雪地踩到脚下。

保护色,是捕食者与被捕食者经过长期协同进化而逐步形成的,是大自然自然选择的结果。

## 变色龙的本领

变色龙是一种奇特的爬行动物,它有着非常奇怪的模样,有着适于树栖生活的种种特征和行为。它的体长约15～25厘米,身体侧扁,四肢很长,指和趾合并分为相对的两组,前肢前三指形成内组,四、五指形成外组;后肢一、二趾形成内组,奇特三趾形成外组,这样的特征非常适于握住树枝。它的尾巴极长,能缠卷在树枝上。它有很长很灵敏的舌头,伸出来要超过自己身体的2倍,舌尖上有腺体,能分泌大量黏液粘住昆虫。它一双眼睛十分奇特,眼帘很厚,呈环形,两只眼球突出,左右180度,上下左右转动自如,左右眼可以各自单独活动,不必协调一致,这样的视觉在动物中也是罕见的。双眼各自分工前后注视,这样有利于捕食,还可及时发现后面的敌害。变色龙用长舌捕食是闪电式的,只需 1/25 秒便完成,我们几乎无法观察清楚是怎么回事,变色龙就已经完成了捕食任务。

变色龙学名叫避役,"役"在我国文字中的意思是"需要出力的事"而避役的意思就是说,可以不出力就能吃到食物,所以命名为避役。

根据动物学家研究,避役在一个昼夜能够改变 6~7 次颜色。在太阳西下时,它呈褐红色,可与灿烂的晚霞媲美;夜晚降临后,它又以黄白色的皮肤出现,与"太白金星"比姿;东方发白时,它又变成深绿色,与叶子竞绿;红日东升时,它又披上橘红色的"衣裳";烈日当头时,它又换一身黄红色的"外衣",静静地伏在树枝上晒太阳。

变色龙的皮肤还会随着背景、温度的变化和心情的波动而改变。雄性变色龙会将暗黑的保护色变成明亮的颜色,以警告其他变色龙离开自己的领地;有些变色龙还会将平静时的绿色变成红色来威胁敌人。目的是为了保护自己,避免遭袭击,使自己生存下来。变色能躲避天敌,传情达意,类似人类的语言。

拉克斯沃斯在《美国国家地理杂志》中撰文指出,"为了显示自己对领地的统治权,雄性变色龙对向侵犯领地的同类示威,体色也相应地呈现出明亮色;当遇到自己不中意的求偶者时,雌性变色龙会表示拒绝,随之体色会变得暗淡，而且显现出闪动的红色斑点；此外，当变色龙意欲挑起争端、发动攻击时，体色会变得很暗。"

变色龙的变色，既有利于隐藏自己，又有利于捕捉猎物。变色这种生理变化，是在植物性神经系统的调控下，通过皮肤里的色素细胞的扩展或收缩来完成的。

有人根据变色龙的变色本领，大胆设想，将变色龙的变色机理用于飞机的隐形功能上。首先是外形及其他设计上，能使雷达难以发觉或无法发觉，其次是运用变色龙变色的原理，使飞机无论是在空中飞行还是地上停留，颜色和周围的环境都极其相似或完全融入环境之中，使肉眼也同样难以看见或无法看见，给敌人的攻击带来很大难度或根本无法攻击，从而提高飞机的生存率。

## 动物身上的条纹

提起斑马，大家会知道斑马身上有雅致而漂亮的条纹，显得特别醒目。这这些条纹有什么作用呢？

科学家们研究发现，这是同类之间相互识别的主要标记之一，更重要的则是它形成适应环境的保护色，作为保障其生存的一个重要防卫手段。

在开阔的草原和沙漠地带，这种黑褐色与白色相间的条纹，在阳光或月光照射下，反射光线各不相同，起着模糊或分散躯体型轮廓的作用，展眼望去，很难与周围环境分辨开来。这种条纹不易暴露目标，会起到很好的保护作用，对动物生存本身是很有利的。

近年来的研究还认为，斑马身上的条纹可以分散和削弱草原上的刺刺蝇的注意力，是防止它们叮咬的一种手段，这种昆虫是传播睡眠病的媒介，它们经常咬马、羚羊和其他单色动物，却很少威胁斑马的生活。这种保护色是长期适应环境和自然选择而逐渐形成的,因为历史上也曾出现过一些条纹不明显的斑马,由于目标明显,所以易于暴露在天敌面前,遭到捕杀,最后灭绝,在漫长的生物演化过程中逐渐被淘汰了。只有那些条纹分明、十分显眼的种类尚能生存到现在。

人类从这种现象中得到了启示,将条纹保护色的原理应用到海上作战方面,在军舰上涂上类似于斑马条纹的色彩,以此来模糊对方的视线,达到隐蔽自己,迷惑敌人的目的。

分割色也是一种保护色,如虎、豹、长颈鹿等身上都有鲜艳的花纹,这就是分割色。在光暗而斑驳的环境配合下,能使其轮廓变得模糊不清,这样更有利于保护自己。

# 水晶宫里也行骗

水晶宫里的动物,也有保护色。它们以自己特有的保护色,保护自己,欺骗对方。水晶宫里动物的保护色,同陆地上的动物相比,真是有过之而无不及。

## 海兔的能耐

海兔耸起两只耳朵,外形像兔子,只是没有毛而已。它属于软体动物,腹足类。日本人称它为"雨虎"。

海兔头上长着两对分工明确的触角,前面一对稍短,专管触觉;后一对稍长,专管嗅觉。海兔在海底爬行时,后面那对触角分开成"八"字形、向前斜伸着,嗅四周的气味,休息时这对触角立刻并拢,笔直向上,真像兔子的两只耳朵呢!

海兔的贝壳已退化了,仅剩下遍体透明的角质层,而且大部埋在外套膜内,从外面根本看不出来。

海兔多生活在浅海,海兔吃了某种海藻以后,它的体色会变得跟这海藻的颜色一样。如有一种海兔幼时吃了红藻,体色变成玫瑰色,十分鲜艳,而长大后这些海兔,不吃红藻,去吃海带,体色从玫瑰色变成了海带的褐色了。有的海兔吃了墨角藻,身体变成棕绿色了,因为墨角藻是棕绿色的。海兔随食物变化,保持与周围环境的色彩接近,也成了它的保护色,有利于它的生存。海兔除了利用保护色保护自己外，还有一种防御"敌害"的措施，就是体内有两种腺体：一种叫"紫色腺"，储存在外套膜边缘的下面，如果"敌害"碰到外套膜的边缘，紫色腺就分泌出大量的紫色液体，将周围的海水都染紫了，海兔就会以紫色作为掩护，逃之夭夭；另有一种"蛋白腺"，内含毒性，当它受到外界刺激时，蛋白腺内分泌出带酸性的乳状汁液，这种汁液有一种难闻的味道，对方如果接触到这种液汁会中毒而受伤，甚至死去，所以敌害闻到这种气味，就会马上逃避。

## 鱼类也有保护色

鱼类同陆上动物一样，它也有自己的保护色。

大多数鱼肚皮是白色或青色，背部是黑色或深颜色。因为这样从上面看与水底颜色相近，从下面看与水面颜色相近。可以使自己更好的隐藏，也不易被发现，而且还可以发起突然袭击。

海水是蓝色的，在水往下看海水是白色的。这样鱼可改变颜色，躲避水面的人或鸟类的观察，又可以使自己不易被水中的大鱼发现而受到侵袭。

在海洋中层与海面间的一种洄游性鱼类，体态多呈流线型，体色则与其他表层鱼一样，上下颜色不同，背部为暗绿色，由上看与海水混淆不清，腹部是银白色，由海中往上看，和水面的反光同色，如此形成了逃避金枪鱼等大型回游性鱼类攻击的保护色。

在澳大利亚南部的海域里，水生动物很有趣。在褐色藻类里生活的海生动物，都有"保护性"的褐色，敌害的眼睛无法察觉它们。生长在红色海藻区域里的动物，主要的保护色是红色。银色的鱼鳞也同样具有保护性，既使它们受不到在空中搜寻它们的猛禽的伤害，又使它们受不到在水下威胁它们的大鱼的袭击：水面不但从上面往下看像面镜子，并且从下面，从水的最深处向上看更像面镜子，这是一种"全反射"，而银色的鱼鳞刚好同这种发亮的银色背景融合成一片。至于水母和水里的其他透明动物，像蠕虫、虾类、软体动物等，它们的保护色是完全无色和透明，使敌人在那无色透明的自然环境里看不见它们。

比目鱼可改变体色和斑纹，它能够隐蔽地栖息于海底的细沙中，同所栖息的环境颜色保持一致，很难被敌害所发现。科学家的实验表明，当把比目鱼放在有斑点或是格形图案的表面上，它们甚至会试图将斑纹变成同样的图案，以便保持伪装。

"海中霸王"——鲨鱼，是海洋中迅猛的鱼类。它以受伤的海洋哺乳类、鱼类和腐肉为生，剔除动物中较弱的成员。鲨鱼也会吃船上抛下的垃圾和其他废弃物。此外，有些鲨鱼也会猎食各种海洋哺乳类、鱼类和海龟和螃蟹等动物。有些鲨鱼能几个月不进食，大白鲨就是其中一种。据报道，大白鲨要隔一两个月才进食一次。大白鲨是个擅长伪装的掠食者。由于身体庞大，大白鲨并不像其他鲨鱼那么灵活。但大白鲨却是绝佳的猎人，因为它总能出其不意。它的上半身颜色很暗，下半身很明亮，它们能借着这种保护色悄悄的逼近猎物。当它从下方来袭时，由于它的颜色和深海接近，要等到它发动攻击时才会被发现。它很少从上方攻击，但它从上方来袭时，白色的下侧和海水反映出的明亮天色融为一体。

当人们见到陆地上飞舞的蝴蝶时会赞声不绝，而蝴蝶鱼的美丽名字，就是因为这种鱼犹如美丽的蝴蝶而得来。人们若要在珊瑚礁鱼类中选美的话，那么最富绮丽色彩和引人遐思的当首推蝴蝶鱼了。

蝴蝶鱼俗称热带鱼，是近海暖水性小型珊瑚礁鱼类，最大的可超过30厘米，如细纹蝴蝶鱼。蝴蝶鱼身体侧扁适宜在珊瑚丛中来回穿梭，它们能迅速而敏捷地消逝在珊瑚枝或岩石缝隙里。蝴蝶鱼吻长口小，适宜伸进珊瑚洞穴去捕捉无脊椎动物。

蝴蝶鱼生活在五光十色的珊瑚礁礁盘中，具有一系列适应环境的本领，其艳丽的体色可随周围环境的改变而改变。蝴蝶鱼的体表有大量色素细胞在神经系统的控制下，可以舒张或收缩，从而使体表呈现不同的色彩来。通常蝴蝶鱼改变一次体色要几分钟，而有的仅需几秒钟。

美丽的珊瑚礁会吸引着众多的海洋动物竞相在这里落户。据科学家估计，一个珊瑚礁可以养育四百种鱼类。在弱肉强食的复杂海洋环境中，珊瑚鱼变色与伪装，都是为了使自己的体色与周围环境相似，达到与周围物体融为一体的地步，从而在与亿万种生物的顽强竞争中，赢得了自己生存的一席之地。

刺盖鱼俗称神仙鱼，是珊瑚鱼中最华丽的鱼。因为它们生活在比蝴蝶鱼更深而且较暗的环境中，故需展现出更加鲜明的色彩。它们中的许多鱼，在幼鱼的变态发育过程中，幼鱼与成鱼形态和色彩截然不同，同一种鱼往往容易被误认为是两种鱼。

甲尻鱼的身体呈土黄色，体侧有八条具有黑色边缘的蓝紫色横带，好似陆生之斑马，俗称斑马鱼。这种颜色也是一种很好的保护色。

石斑鱼不喜欢远游，它们喜欢栖息在珊瑚礁的岩洞或珊瑚枝头下面。它们是化妆高手，可以有八种体色变化，往往顷刻之间便可判若两鱼。它们具有与环境相配合的斑点和彩带，在洞隙中静观动静，遇有可食的食物，便会迅速捕捉。

淡抹粉装的粗皮鲷，它们大都以海藻为生，体色与海藻颜色相似，身体的尾柄处长着一块突起的骨状物，像把手术刀，这是它们求生的武器，常用其尾鞭挞敌人，使敌害受到严重创伤。

有美就有丑,在珊瑚礁中有一种看了令人生畏的玫瑰毒鲉,其长相丑陋,体色灰暗,间有红色斑点。它常隐伏于珊瑚礁或海藻丛中,活像海底的一块礁石或一团海藻,小鱼小虾游近身边,被其背棘、头棘刺中,便会立即死亡,成为其果腹之物。它是最剧毒的毒鲉,人被其刺伤,若不及时抢救,4个小时之内就会死亡。

生活在海藻丛中的叶海马,身上长有各种类似海藻的叶片状突起,若不仔细观察,你还会认为这是一片海藻呢!

生活在热带红树林之间的蝙蝠鱼,往往像一片红树叶,常懒洋洋地在水中漂浮或装死,人们误以为是一片红树叶,但只要你一动它,呵!它会迅速地游走呢。

## 海洋中的变色龙

"海若有丑鱼,乌图有乌贼。腹膏为饭囊,鬲冒贮饮墨。出没上下波,厌饫吴越食。烂肠来雕蚶,随贡入中国。中国舍肥羊,啖此亦不惑。"这是北宋诗人梅尧臣《乌贼鱼》诗,把乌贼说成是丑鱼,还进贡到中国。

实际上,乌贼根本就不是鱼,它不具有鱼的特征。

乌贼,素有海洋中的变色龙之称。

乌贼是生活在远洋深水中的软体动物,属头足纲乌贼科。它头部发达,两侧有一对发达的眼。足退化为腕及漏斗。在头部周围共有五对腕,各腕内侧面有几行吸盘,可以吸附小动物。第四对腕叫角腕,特别长,平时缩藏在触腕囊内,以减小游动时的阻力,捕食时再迅速伸出。

乌贼游泳速度快,以捕食小型甲壳动物、鱼类及其他软体动物为生。乌贼有发达的墨囊,囊内有墨腺。当它遇到危险时,就会释放墨汁,染黑海水,自己则借机逃走。因此乌贼又称为墨鱼。

乌贼还有一种特别的生存本领,就是它的化妆本领,乌贼皮肤中有黑、褐、橙、黄、红、棕等色素细胞,其中黑色素细胞最多。乌贼的肤色能随着色素细胞的收缩和舒张而改变体色,它常用一连串突变的灿烂体色来引诱配偶、威胁敌害、赶走情敌。尤其在繁殖季节,雄乌贼会急不可待地在钟情者面前披上五彩缤纷的鲜艳婚妆,以取得对方的欢心;动情的雌乌贼则把身子画上道道斑纹,就像穿上美丽的睡衣,这时就连偷袭的敌人也会吓得溜走。

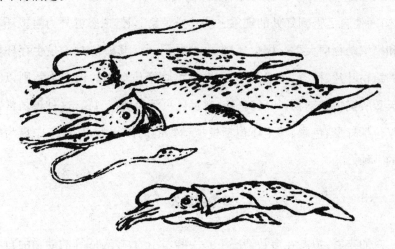

乌贼的"变色术"也不亚于避役,它的基本体色是无色或半透明的,以至体内的墨囊隐隐可见。但它在海洋游泳时,身体可出现斑马身体上的斑条纹,随着海水的波澜而使自己被淹没在其中;可是当它在阳光照耀的砾石上时,背部则显现灰棕色斑点,好似阳光下的砾石闪闪发光;当它在沙滩上栖息,体色又变为沙黄色;如果将它放到白色的大理石上,其体色很快又变为乳白色,这千姿百态的体色变化,才称得上是真正的"变色龙"。

# 生物的拟态

拟态是指一种生物在外形、色彩,甚至行为上模仿另一种生物或非生物体,而使自己得到好处的现象。从模拟对象上看,拟态可分为模拟环境物和模拟动物两大类。模拟环境物的拟态生物,其模仿对象是生存环境中的植物叶片、枝条、花或其他不动的物体;模仿动物的拟态生物则以它的天敌所惧怕的动物,如猛禽、蛇、有毒昆虫等为模拟对象,这种模仿常常不仅包括外形、色彩、甚至还包括模拟动物的动作行为,是拟态中最为复杂的一种。

## 昆虫的拟态

总的来看,拟态在多数情况下是一些弱小的、较为低等的动物的自我保护方式。

你见过四川峨眉山的"枯叶蝶"吗?远远看见它,俨如一片挂在树枝上的"枯叶"。再仔细观察,却会发现这片枯叶有些异样,它叶尖向下,叶柄向上倒挂在树枝上,靠近树枝的一侧还有几条纤细的、似乎有点像昆虫肢脚的东西与树枝相连,叶缘上还露出一个尖尖的长着一对触角的小脑袋。当你走近时,它突然飞起,轻盈地逃到了另一树枝上。枯叶蝶模仿枯树叶的本能实在高,简直达到了惟妙惟肖的境地。

枯叶蝶的祖先形态各异,有的像枯叶,有的不像枯叶。象枯叶的个体,不易被天敌发现,不像枯叶的个体,常被天敌吃掉,这样,经过漫长的自然选择和变异,不像枯叶的就被淘汰,枯叶蝶就更像枯叶了。

一些尺蛾幼虫在树枝上栖息时,以末对腹足固定于树枝上,身体斜立,体色和姿态酷似枯枝;大部分枯叶蛾种类的成虫体色和体形与枯叶极为相似。因而都不易被袭击者所发现。

这些现象就是动物的拟态。

在我国南方竹林,还生活着一类"模仿专家",它就是竹节虫。它仿真的竹节真是惟妙惟肖,十分逼真。

拟态,这是竹节虫中应用最多、最为成功的一种方式。它们一般是以生活环境为基础进行拟态,比如生活在叶片较多的地方,则以叶片为模拟对象生活在以树枝为主的环境中,则变成棒状的体态。竹节虫中,绿色的种类多生活在绿色植物上,褐色种类生活在干枯的树叶中。昆虫中最著名的拟态高手是叶子虫,从名字你就知道它模仿的是植物的树叶。你看,它不但与植物的颜色一模一样,而且翅膀已经模仿成一张完整的树叶,还有明显的"叶脉"，即可以飞行，又可以伪装自己，真是一举两得。

生活在云南红河洲、海南岛和西双版纳热带雨林中的一种竹节虫——东方叶䗛，其腹部和背上的翅膀极像雨林中一片宽大的绿色阔叶树叶片，中间甚至还有凸起的叶片"中脉"，两边有"支脉"，圆圆的小头正好做"叶柄"，脚则伪装成被其他昆虫啃食过，残缺不全的小叶片，缺口处还会"装"上几个"小虫洞"……

树林里，各种各样的叶片是昆虫模仿的主要目标。全世界䗛科昆虫已知有1120属7000多种，我国有100多种。它们可以模仿1000多个种类植物的叶片，以及地衣、苔藓等。除了叶片，还有花朵也成了动物的模仿对象。

东南亚有一种红花螳螂，幼体时，身躯呈粉红色、腹部扁平、六只脚两侧也和叶一样有扁扁的很宽的突起物。不动时也很像一朵当地常见的兰科植物新开的花朵，连花瓣也清晰可见。这"兰花"会吸引一些贪吃花蜜的昆虫前来觅食，却万万没想到这竟是自投罗网，成了红花螳螂的美食。更为奇特的是，当红花螳螂长大了以后，它身体的粉红色又变成了白色，很像百合科植物的花了，连花蕊的点点棕黄也点缀在了翅膀上。这样自然也不乏自投罗网者。而它的天敌——食虫鸟类和蜥蜴又把它当成普普通通的花朵而不去攻击它。

对于绝大多数捕食者而言，粪便是绝不可能与食品划上等号的。一些凤蝶的幼虫似乎深知这一深奥的道理，在它们1～2龄时，身体呈黑褐色，上面布满了白色、黄色或黑绿色杂乱模糊的斑纹，体表上还有一些小小的刺状、瘤状突起，这一切使它看上去与一颗鸟粪无异。再贪食的鸟儿也不会对同类的粪便感兴趣。

一些鳞翅目昆虫的幼虫还"发明"了一种全新的装饰，那就是使自己变得"可怕"。如不少蝶和蛾类幼虫在胸背部装饰上一对眼睛一样的大圆斑,有眼眶、虹膜和瞳孔,看上去极像一条凶猛的小蛇。当受惊吓时,它们还会昂起头来,像蛇发起进攻时一样不停地摆动头部和膨胀的胸部,一下吓走了妄图捕食它的不少鸟类。

模仿其他生物、非生物的例子不胜枚举。然而,一些昆虫还能模仿自己,听起来很滑稽,却是事实。比如有一种叫斑马灰蝶的蝶类,它的两片后翅的末端长有纤细的尾突,每个尾突基部的臀角又长出一个小圆瓣,使它的后翅看上去更像头部,而且"触角、眼睛"都很齐全。捕食者进攻时,常常分不清哪一边是真正的头,以至难于下手而黯然离去。

"银烛秋光冷画屏,轻罗小扇扑流萤。"这是唐代杜牧所写《秋夕》的句子。意思是说:秋夜,白色的烛光映着冷清的画屏;我手执绫罗小扇,轻盈地扑打流萤。流萤就是萤火虫。

《红楼梦》五十一回里有一个灯谜,把萤打一个字,谜底就是"花"。众人不解,林黛玉笑释道:"萤可不是草化的?"

提起萤火虫,大家就会想起秋日在空中飞行的萤火虫。荧光虫发光是同种间相互响应的信号,不同种类的萤火虫,其发光的方式也不同。有一种萤火虫却能利用这一特点干"坏事"。当雌萤火虫完全交尾后,就模仿别的萤火虫的发光方式,招引别的萤火虫,等对方上当后,一举抓住对方并吃掉它。

拟大蚊在交配时,雄蚊会送"礼物"给雌蚊。于是雄蚊就扮成雌蚊的模样及动作,去骗取其他雄蚊的"礼物",然后再回复"男儿身",把"礼物"送给雌蚊。这种借花献佛的方法,使雄蚊有机会和雌蚊交配,以利于繁殖下一代。

角蝉,也叫棘刺虫,它可以模拟玫瑰的棘刺;有的蛾类翅上无鳞片而且透明,腹部有一个好像毒针的东西,还做出要使用毒针的样子,与黄蜂相差无几。

## 鱼类的拟态

拟态在昆虫世界里出现得更为广泛,但深谙此道的动物不仅仅有昆虫,一些在海底生活的鱼类也会把自己装扮成礁石。

非洲的一种雌丽鱼在产卵后未容受精即将卵吞入口中孵化。雄鱼尾鳍根处有橙黄色斑,酷似鱼卵。雄鱼排精时显示此色斑,雌鱼欲吞此假卵却将精子吸入,受精作用在雌鱼的口中进行。

鲮鲸鱼的背鳍也经过拟态成为了海藻的样子,它轻轻摇动的"鱼饵"吸引了以海藻为食物的小鱼们前来美餐,鱼儿哪里想得到,这其实是它们的敌人施展的捕食技巧。鲮鲸鱼无须穷追猛打,只要晃动自己的背鳍,美味佳肴便会不请自到,如此的拟态,在自然界中也是别具一格的。

在珊瑚礁的海藻丛中常生活着一种躄鱼,它形成保护色和拟态,其体色和体态都与周围的海藻色相似,将身体全部隐藏在海藻丛中,只露出由第一背鳍演变成的吻触手,触手端部长穗状,形似"钓饵",用以引诱小鱼小虾。

鮟鱇鱼的长相龇牙咧嘴,眼睛朝天;身体粗壮而尾巴短小,口大如盆;鮟鱇鱼的皮肤凹凸不平,棘刺四射;全身楞楞角角,异常粗糙。有人把它叫做"海鬼鱼"。

鮟鱇鱼全身无鳞,头大而扁。它的肌肉松弛,运动器官不发达。加上身体笨重,游泳相当困难,只能栖息在海底,用手臂一样的胸鳍贴着海底爬行。

鮟鱇鱼是一个专业的钓鱼能手。它的钓竿是由背鳍的第一鳍棘演变而来的,竖立在巨口的上方。鮟鱇鱼的钓竿种类繁多,各种鮟鱇鱼都有长短、粗细、大小、软硬不同的钓竿。有些钓竿看起来很短,但是弹性很大,能够弹出很远。在钓竿的顶端,有一个肉质的小球或者膜状物,用来引起小鱼的注意。这是鮟鱇鱼的诱饵,在生物学上叫做拟饵。有些栖息在黑暗深海中的鮟鱇鱼还有能发光的拟饵,就像竹竿上挑着的小灯笼,时明时暗,闪闪烁烁。这样的诱饵从不损坏,不用更换,在海水中飘来飘去,傻乎乎的小鱼还以为是一只小虫在等待着自己哩。

鮟鱇鱼钓鱼的手段非常狡诈。它始终保持着高度的警惕,用能随意转动的眼睛注视着四周的动静。在拟饵的诱惑下,一旦发现小鱼接近诱饵,就张开大嘴将小鱼吸进嘴里。就算这时小鱼发现上当了,也来不及了。鮟鱇鱼的嘴里长着两排向内倒伏的尖牙,小鱼被鮟鱇鱼咬住只有认命了。

## 拟态大观

在拟态方面,不光昆虫熟知此道,像蜘蛛、蛇、鸟类都有着出色的表现。

一些动物能模拟其他动物的性激素,招引对方,并将其捕食,这种方式称气味的拟态。如有一种蜘蛛会分泌一种和雌蛾一样的性激素,以此引诱雄蛾闻"香"而来，它便可以轻松捕食。

危地马拉有一种叫"司塔乌利维"的蜘蛛，有鸽子蛋那么大，它们常常几十只聚在一起，吐出一种比蚕丝还粗还亮的彩色蛛丝，常常吸引昆虫前来投网。因这种蜘蛛结的网呈方形，中间有八卦图案，红红绿绿非常好看。当地居民很爱把这种蜘蛛网当作窗帘挂在窗户上。

据科学家研究试验，一束由蜘蛛丝组成的绳子比同样粗细的不锈钢钢筋还要坚强有力。它能够承受比钢筋还多5倍的重量而不会被折断。虽然一些蜘蛛丝细如头发，但你可别轻视它的能力和作用！蜘蛛丝非常富有弹性，一条直径只有万分之一毫米的蜘蛛丝，可以伸长两倍以上才会拉断。难怪有人说，蜘蛛丝是世界上最坚韧的东西之一。

还有一种拟态，是宿主拟态，主要见于鸟类。托卵鸟在各种鸟类的巢里下蛋，并选择蛋的大小、颜色、形状和宿主卵相似。如杜鹃无巢，它的卵与黑脸鸼、草鸼、大苇莺的蛋相似，杜鹃将卵产在这些鸟的巢中让他们帮助孵卵。维达鸟雏鸟的嘴的外形、求食鸣声、头部动作以及毛色都酷似宿主，因而得到喂养。

一些龟类使自己的壳看上去更像石头；无毒蛇也会模仿有毒蛇的花纹和姿态保护自己。

总之，动物的拟态并非来自于主动的思考和努力，而是在亿万年的漫长进化过程中，以自然选择的方式来适应环境而已，这也是物竞天择、适者生存的自然法则。

# 恐吓·假死·警戒色

动物对付敌害有着别具一格的方法。恐吓、假死或警戒色,说来也是五花八门,各具风采。

## 恐吓的伎俩

面对动物的恐吓刺激,其他动物可能畏缩、奔跑,或变得好斗,因为神经系统和荷尔蒙的瞬时变化,从而导致动物的心率、血流和体温的改变,使它准备进行防御或逃走——著名的"反抗或逃跑"反应。一些动物的反应是一动不动,因为移动会引起注意。

恐吓刺激包括高度、大的形状、特殊气味和某些声音。并不是所有动物都对同样的刺激,或以同样的方式作出反应。例如,在一些鼠类中,中等程度的恐吓刺激会使它们呆立不动,而更大的危险会使它们逃跑。

见过豪猪的人,一定会对它浑身尖刺的外表留下深刻印象,尤其是加拿大豪猪,十多千克重的身体上,长满了无数硬毛和带刺针毛,全部加起来共有 3 万多根。

狮子能征服亚洲豪猪,但不敢惹加拿大豪猪。因为加拿大豪猪有一种秘密武器,就是在它的针毛上还长着带钩倒刺,不管对方是何种野兽,只要被针毛刺中,带钩倒刺便会留在它体内。这些倒刺很小,野兽无法自己拔出。更可怕的是,倒刺还会以每天 10 毫米左右的速度向体内运动,甚至进入心、肺、肝脏等要害部位,使野兽最终疼痛而死。

吼猴是拉丁美洲丛林中最有趣的一种猿猴。它体长 0.9 米,像狗那么大,加上一米多长的尾巴,在南美猴类中,可算是最大的代表了。这种猴的身上披有浓密的毛,多为褐红色,且能随着太阳光线的强弱和投射角度不同,变幻出从金绿到紫红等各种色彩,十分美丽。

最引人注目的是吼猴的巨大吼声。这是它作为恐吓的一种方式。这种猴子的舌骨特别大,能够形成一种特殊用途的回音器。每当它需要发出各种不同性质的传呼信号时,它就以异常巨大的吼声,不停息地响彻于森林树冠之上,有时十几只在一起,用它们特有的"大嗓门",发出巨声,咆哮呼号,震撼四野,这吼声可在 1.5 千米以外都能清楚地听到。吼猴的名称也是由此而来。

## 从昆虫到鸟类的假死

假死,是指昆虫受到某种刺激而突然停止活动、佯装死亡的现象。如金龟子、象甲、叶甲、瓢虫和蝽象的成虫以及粘虫的幼虫,当受到突然刺激时,身体蜷缩,静止不动或从原栖息处突然跌落下来呈"死亡"状态,稍后又恢复常态而悄然离去。

那么,是什么原因使不少昆虫学会了假死,以如此复杂的自我保护和防御方式呢?

原来,昆虫的那些简单的由神经节或小的"大脑"所组成的神经系统,从来就没有想到过要去模仿什么,它们只是在被动地接受选择。许多看似复杂的模仿动作,只不过是一些简单的应激反应而已。竹节虫、尺蠖等的装死,是因为突然受刺激后肌肉发生痉挛,无法活动,十几分钟后便恢复常态了。

鲨鱼虽然号称海中之霸,但是在大自然中,动物之间是相互依存又是相互制约的,即卤水点豆腐,一物降一物。

凶狠的鲨鱼怕一种叫逆戟鲸的海洋哺乳动物。逆戟鲸的牙齿非常锋利,出没活动从来都是几十头一齐出来。鲨鱼一旦碰到了逆戟鲸就要马上逃跑,如果来不及逃跑,那么它就将腹部朝上装死。因为逆戟鲸是从不吃死东西的。当然也有的鲨鱼既不逃走也不装死,结果被逆戟鲸使用轮番攻击的战术,直到把鲨鱼折腾得筋疲力尽,耗尽了最后的力气,最终把鲨鱼撕成碎块,当午餐吃掉。

在我国广西的深山中有一种棘胸蛙,胸脊有疣,像棘刺一样,因而得名。它是一种吃鸟的大蛙,捕鸟的时候,先装死,四肢伸开,直挺挺地躺在地上,一动也不动。小鸟以为它死了,从树上下来啄食。一旦跳到棘胸蛙的身边,棘胸蛙就会突然跃起,用前肢抱住小鸟,然后身体迅速跳跃到水中,将小鸟活活淹死,再慢慢吞食。

据说,最会装死的是某些蛇类,其中猪鼻蛇的表演水平堪称一流。猪鼻蛇是一种无毒的蛇,但当它与敌人遭遇时,却会模仿剧毒的眼镜蛇发起攻击的样子——把颈部弄扁,使身体膨胀,口中嘶嘶作响,尾巴还不住地摇摆着,就好像它是响尾蛇的远房亲戚。被惊吓的对手一般都会仓皇逃跑。

如果猪鼻蛇的这一招没能把敌人吓住,别急,它还有拿手好戏。只见猪鼻蛇忽然浑身痉挛,接着肚皮朝天就地而卧。猪鼻蛇装死的时候,还会偷偷地注视着敌人的动静。如果有人在一旁盯着它,它就继续装死。等人的视线刚一离开,它马上就会开溜。

更有趣的是,当有人把它肚皮朝天的身体翻转过来摆正的时候,它会立即又翻过去,以表示它确实是一条死蛇。

鳄蜥头像蜥蜴，身体极像鳄鱼，因而得名。鳄蜥是我国的特产动物和一级保护动物，只生活在广西大瑶山区。鳄蜥体小力弱，身长只有 20～30 厘米，行动不灵活，遇到稍微厉害一点的动物便难以招架。于是，它便用装死的办法求得生存。当别的动物抓到它时，鳄蜥就一动也不动，任你怎么拨弄它，哪怕是四脚天也纹丝不动。来犯者常以为这不过是一具尸体，稍一疏忽，鳄蜥便逃之夭夭。有时候，鳄蜥趴在溪边的树枝上，仿佛死去一般。当捕食者大摇大摆前去捉拿时，它四脚一松，落入水中，马上会消失得无影无踪。

有时候一群鸡和鸽子在地上玩耍，忽然一只老鹰飞来，结果，鸡和鸽子都两脚朝天，装起死来，从而躲过了一劫。

## 哺乳动物的假死

赤狐最爱吃活食，它们常常从两侧或背后袭击野鸭。野鸭为了活命，总是想方设法逃避赤狐。有时，野鸭发现身后有赤狐却不逃跑，而是转过身，面朝赤狐冲击。这时，狡猾的赤狐并不是马上猎捕自投罗网的食物，而是装出一副善良的姿势，缓缓后退。显然，它是在选择进攻的时机。不一会儿，赤狐就扑向野鸭。野鸭此时想逃走已经来不及了，于是"灵机一动"，躺在地上，两只翅膀紧贴身体，双足笔直地露在尾后，假装死去。野鸭的装死，大约可以持续 15 分钟，而素以狡猾著称的赤狐，这一下可就上当了。它误以为野鸭真的死了，就不去咬它，至多轻轻地碰它一下就离开了。更有趣的是，有时候赤狐还会用前爪在附近挖掘一个较浅的土坑，用鼻尖将野鸭的"尸体"推进坑中，盖上泥土，扬长而去。

狐狸装死的故事非常有趣。有一只狐狸，从一个小孔钻进一家鸡舍，把里面的鸡给吃光了。但进舍有孔，出舍却无门。这只狐狸吃得太多，肚腹胀大,从小孔中钻不出去了。第二天一早,鸡舍主人发现鸡舍里躺着一只死狐,就将它拖出,打算埋到野地里。哪知这只"死狐"一到野外,立刻跳跃起来,狂奔而逃了。

原来,这只狐狸在鸡舍里无法跑出,就使出了个"装死"之计,鸡舍主人把它拖到野外,它就复活,乘机逃走了。

装死是负鼠的拿手本领。弗吉尼亚负鼠是美国唯一的一种土生土长的"有袋动物"。它的体形与家猫不相上下,行动缓慢,一旦遭遇危险,负鼠就装死。负鼠装死的伎俩之所以行之有效,是因为任何凶残的猛兽——狮子、狼都不敢贸然接近刚死的猎物。恐惧感使猎食者的食欲受到抑制,使它们对已到手的猎物暂时失去了兴趣,这就给负鼠提供了伺机逃生脱险的机会。而负鼠从装死的状态到突发性地撒腿逃命,这一反常的表现,又把猎食者给唬住了,它们也就不会再去追杀这到手的猎物了。

负鼠正是凭借装死的绝招,才得以在地球上存活了 7000 万年。但遗憾的是,过去的伎俩在现代社会并不是太管用,它如果在高速公路中央装死的话,那会是死于滚滚的车轮之下,死得体无完肤,粉身碎骨。

关于动物装死的现象,长时期人们一直众说纷纭,有人说,动物装死是受自己的意志控制的,是种"智力",也是种"伪装"。也有人认为,装死躺下的行为,是受到外界惊恐后的奇特生理反应:心跳减慢,出现几分钟到几小时的休克。前些年,生理学家测定了负鼠生物电流以后,才证实负鼠确实是在装死,而不是被惊吓而昏迷。

在无数代的进化过程中,动物苟全生命于"乱世",练就了各种各样奇特的本领,装死就是很有用的一招。

猞猁有点像猫,但比猫大得多,善于爬树,常常从一棵树跃上另一棵树,以捕猎雉、鹧鸪、松鸡等鸟类和掏取鸟蛋。野兔、松鼠等也是它的主食。它在饥饿而又觅食困难的时候,也会盗食家畜。猞猁一般不伤人,但当它遭到猎人和猎狗围攻时,也会反扑。它有时假装死相——躺在地上,四脚朝天,只要人和狗来到它身边,它就突然回击,朝对方脸上乱抓乱咬,旋即撒开大步,逃得无影无踪。

穿山甲引诱蚂蚁的技术别具一格。穿山甲找到蚂蚁窝后,就躺在蚁窝附近一动不动地装死,鳞片张开,在太阳光的照射下,皮肉散发出强烈的异味,以引诱蚂蚁倾巢而出。当浑身上下爬满蚂蚁时,穿山甲便将鳞片全部合紧,使蚂蚁像被关在铁匣子里一样而它自己则缩成一团,再滚入水中。在水中,穿山甲把鳞片全部张开,使蚂蚁浮在水面上,这时它便可以从容地捞取水上的蚂蚁,饱餐一顿。

## 警戒色的警告

有些昆虫既有保护色,又有与背景形成鲜明对照的体色,称为警戒色。

警戒色是某些有恶臭、有毒或不可食等特点的动物具有鲜艳夺目的

色彩或斑纹,从而对敌害起到"警告"的作用,它是动物在漫长的进化过程中形成的更有利于保护自己。如蓝目天蛾,其前翅颜色与树皮相似,后翅颜色鲜明并存,类似脊椎动物眼睛的斑纹,当遇到其他动物袭击时,前翅突然展开,露出后翅,将袭击者吓跑。

例如,毒蛾的幼虫多具鲜明的色彩或斑纹,向这类幼虫进攻的鸟类常被其毒毛刺伤口腔黏膜,因而,这种鲜艳的色彩或斑纹便自然成为鸟类的警戒。

蜂类的黄黑或黑白相间的斑纹,瓢虫背上的斑点和色彩都属于警戒色。但是,警戒色在预防敌害中也只有相对的意义,虽然一般鸟类不敢贸然进攻毒蛾的幼虫,但杜鹃的口腔上皮却有着特殊的保护功能,它们专吃这些幼虫。

凡此种种,动物的这些本能,都是适者生存,不适者被淘汰,是自然选择的结果。

# 植物家族也善变

有些植物模拟动物，十分善变，以招引传粉者达到传粉目的。还有些植物将某些器官变成"刺"来保护自己，或让动物帮助传播种子，繁殖后代。

## 吸引昆虫有绝招

科学家对长瓣兜兰进行了传粉生物学研究。长瓣兜兰是严格异化传粉的植物，授粉必须依靠昆虫才能结实。实验结果表明，雌性黑带食蚜蝇是长瓣兜兰的主要传粉者，并且这种兜兰是通过模拟繁殖地来欺骗食蚜蝇传粉的。

不论是澳大利亚的一种拖鞋兰，还是欧洲的一种眉兰，它们花的形状和颜色都会模拟某种雌蜂，并散发与雌蜂的性信息素十分相似的气味，当雄蜂受到引诱爬上花试图交配时，花粉块就粘在了雄蜂身上。为了促使经验不足的雄蜂继续上当，在下一次试图交配时将花粉块传到另一朵花上去，这些兰花需要做到以假乱真，模仿得惟妙惟肖。

植物之间也可以通过拟态来吸引传粉者。人们往往认为，不同的植物采取不同的花部特征来吸引不同的传粉者，因为这样植物能够获得传粉者忠实的服务。也有少数植物独辟蹊径，它们通过模仿其他植物花的特征，达到吸引传粉昆虫的目的。

例如,分布在英国一些地方的玄参科小米草属植物,它的花为淡紫色或深紫色,看起来非常像生长在一起的杜鹃花科植物帚石楠,两种花花期相同。当传粉昆虫访问帚石楠时,有时也为该种小米草属植物传粉。头蕊兰有白色的花和黄色的花粉块,没有花蜜,在以色列与利用隧蜂传粉的某种半日花科植物生长在一起。头蕊兰没有提供真正的报酬,但该兰花的唇瓣上有一簇黄色的毛,让隧蜂误以为是花粉前去采集,头蕊兰因此得以授粉。

夏天,在沼泽地带或是潮湿的草原上,常常可以看到一种淡红色的小草。它的叶子是圆形的,只有一个小硬币那么大,上面长着许多绒毛,一片叶子就有二百多根。绒毛的尖端有一颗闪光的小露珠,这是绒毛分泌出来的黏液。这种草叫毛毡珠,这是绒毛分泌出来的黏液。这种草叫毛毡苔,也是一种"吃"虫的植物。

如果一只小昆虫飞到它的叶子上,那些露珠立刻就把它粘住了,接着绒毛一齐迅速地逼向昆虫,把它牢牢地按住,并且分泌出许多黏液来,把小虫溺死。过一两天,昆虫就只剩下一些甲壳质的残骸了。最奇妙的是,毛毡苔竟能辨别落在它叶子上的是不是食物。如果你和它开个玩笑,放一粒沙子在它的叶子上,起初那些绒毛也有些卷曲,但是它很快就会发现这不是什么可口的食物,于是又把绒毛舒展开了。

在葡萄牙、西班牙和摩洛哥沿海地带,有一种植物叫捕虫花,它的叶子反面有一层密密的绒毛,也能捕捉昆虫。

有一次,有人在一株捕虫花的叶子上竟找到 235 个昆虫的残骸。

还有一种和毛毡苔同属的植物,叫孔雀捕蝇草。它是十八世纪中叶在美洲的森林沼泽地里发现的,由于长得美丽,人们给它起了这样一个漂亮的名字。

孔雀捕蝇草的叶子是长形的,很厚实,叶面上有几根尖尖的绒毛,边缘上还长着十几个轮牙。每片叶子中间有一条线,把叶子分成两半。昆虫飞来的时候,触动了叶子上的绒毛,叶子马上齐中线折叠起来,边缘上的轮牙一个间一个地咬合在一起,咬得牢牢的,然后分泌出黏液来把昆虫消化掉。昆虫被"吃"完了,叶子又重新打开,等待新的猎物的光临。

北京颐和园的池塘里有一种叫狸藻的小水草,它的茎上有许多卵形的小口袋,口袋的口子上有个向内开的小盖子,盖子上长着绒毛。水里的小虫游来触动了绒毛,小盖子就向内打开了,小虫一游进小口袋,就再也出不来了。

食虫植物,如瓶儿小草、猪笼草,模拟花朵诱捕采蜜昆虫。另外,它们还能刻意隐藏自己,等到对方靠近时再攻击,说来更是有趣。

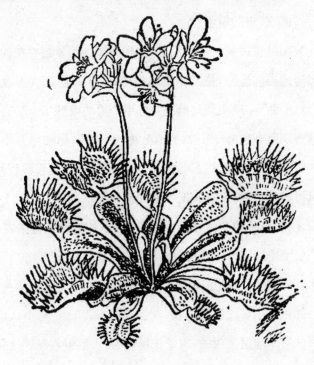

茅膏菜的捕虫叶呈半月形或盘状,上表面有许多能分泌黏液的触毛,能粘住昆虫,同时触毛能自动弯曲,包围虫体并分泌消化液将虫体消化并吸收。更有趣的是,对茅膏菜喂以小肉,生长得会更好。

## 神奇的猪笼草

世界上的猪笼草有 70 多种,不同的猪笼草,捕虫笼的形状也不一样,颜色也不相同,有绿、黄、红等色彩。猪笼草的叶笼也有大有小,小的只有 3～4 厘米,像手指头那么大;大的可达 40 多厘米,可以容纳 500～600 毫升的液体。

猪笼草长有奇特的叶子,基部扁平,中部很细,中脉延伸成卷须,卷须的顶端挂着一个长圆形的"捕虫瓶",瓶口有盖,能开能关。因外形如运猪用的笼子,因此而得名。

　　捕虫瓶的构造比较特殊,瓶子的内壁有很多蜡质,非常光滑;中部到底部的内壁上约有 100 万个消化腺,能分泌大量无色透明、稍带香味的酸性消化液,这种消化液中含有能使昆虫麻痹、中毒的胺和毒芹碱。猪笼草的笼口盖平常是半开着的,叶笼颜色鲜艳,笼口蜜腺能散发芳香,以"色"和"香"引诱昆虫入笼。因其笼口内壁光滑,昆虫容易滑落笼底,之后笼口盖马上自动关闭。因为猪笼草的消化液中含有使昆虫麻痹的胺和使昆虫中毒的毒芹碱,因此落入笼内的小虫子浸泡在消化液中,很快便中毒身亡。小虫子被消化后,就为猪笼草生长提供了营养。

　　猪笼草多分布在印度洋群岛、斯里兰卡等热带森林里,我国广东南部及云南等省也有分布。猪笼草喜欢在向阳的潮湿地带生活,如果生长的土地过于干燥,它就不会长出捕虫瓶。

　　有的大型猪笼草的捕虫笼能捕食小老鼠,张开大"嘴",慢慢消化。

　　德国植物学家曾经观察过猪笼草"吃"蜈蚣的情况,当一条蜈蚣的前半身陷入笼中,后半身还露在笼外,却已无法摆脱厄运,最后死在笼子里。

　　过路的蜻蜓想在捕虫叶上停下来。蜻蜓的身子碰到了捕蝇草的感觉毛,引发捕虫叶合拢。不到 1 秒钟,两片捕虫叶就开始合拢。蜻蜓被牢牢困住。捕蝇草要花两星期消化掉这顿美餐。

　　有一句谚语说得好——你的敌人最清楚你的弱点。这在共同进化的植物和捕食者之间表现得尤为清楚。当捕食者进化出新的进攻方法,某些植物会用独特的防御策略进行应对,食肉植物的奇妙结构正是对这个问题作了最好的诠释。

　　食肉植物具有捕虫叶结构并能巧妙地把昆虫捉住,这是植物长期适应环境和自然选择的结果。食肉植物一般具有叶绿体,能进行光合作用制造有机物质,所以即使在未能获得动物性食料时也能生存,但有适当的动物性食料时,能结出更多的果实和种子。

## 以刺求生存

我们见到的植物,有的身上长有不少的刺。植物身上的刺多种多样,有长的、有短的,有尖利的、有圆钝的,有的还带着毒液呢。说来,不同植物的刺有着不同的作用哩。植物身上的刺,也是一种植物特殊的变态。

皂荚的刺密密麻麻地排列在树干上,看上去十分粗壮、尖利,如果让它扎一下,那可不是闹着玩的。皂荚的刺是由小枝条变来的,有了刺的保护,敌人自然就离得远远的了。像皂荚这样由枝条变来的刺叫做枝刺。

枸骨是一种常见的野生树木,它的叶片边缘长着5~7枚小刺,刺虽细小却非常尖硬,很容易扎伤动物或人。枸骨的刺连鸟儿们都十分惧怕,所以有个"鸟不停"的俗名。像枸骨这样由叶片边缘突起后形成的刺叫做刺突,它是一种常见的观赏植物。

叶刺就是由叶变来的。大家熟悉的仙人掌,它的叶片变成了针状刺,从而减少水分的蒸发起到很好的保护作用。大家看到绿色的掌形结构,那是它的茎。

仙人掌和墨西哥人有着不解之缘。加拿大的国旗、国徽和货币上,都有骄傲的仙人掌。国旗和国徽的图案是一只雄鹰叼着一条蛇立在仙人掌上,下面由橡树和月桂组成的环相托。橡树和月桂象征力量、和平与对国家的忠诚。

鹰、蛇和仙人掌,则源于印第安人的传说。

从前,沙漠中毒蛇出没,危害人类。过着游牧生活的阿兹台克部族,为了寻找没有毒蛇的地方定居,跋涉了一年仍没能如愿。在睡梦中,他们听到了神的启示:"阿兹台克人哪,走吧,找下去,当看到兀鹰叼着一条毒蛇站在仙人掌上,那就表示邪恶已被征服,你们可以在那里定居下来。"阿兹台克人按照神的指示,历尽艰辛,顽强地找寻着。一天,他们果真看到了神所启示的情景,便在特斯科湖附近的地方定居了,在那里逐渐建立起具有高度文明的特诺奇蒂特兰城。相传它就是现在的墨西哥城。

　　仙人掌在墨西哥的历史上有重要的社会和宗教地位,有的被当作神明顶礼膜拜,有的被看成是避邪的神木,有的被用做治病的妙药。当然,仙人掌确有治疗肛肠出血和炎症的作用,甚至能抑制某些癌细胞。

　　仙人掌耐渴的本领到底有多大?能好几年不喝水吗?

　　咦,还真有人做过类似的实验。

　　有人拔起一个仙人球,称了称,有 37.5 千克重,然后扔在屋子里 6 年,没有理睬它,它却依然活着!再称一称,体重为 26.5 千克。也就是说,6 年它没喝一滴水,而不得不动用自己的储备水,也仅仅消耗了 11 千克。如果换成别的植物,怕是早就枯死啦!

洋槐的刺也是由托叶变化而来，叶柄两侧原本是两片小托叶，为了避免敌害，托叶变成了硬刺。

竹叶椒是一种香料植物，它的刺长在树皮上，是由树皮表面的细胞突起后形成的，所以你不用花很大的力气就能取下来，是"皮刺"。除了竹叶椒，大家熟悉的蔷薇、玫瑰、月季等所生的刺，由植物的表皮毛和少数皮层细胞变形而成，也都叫做"皮刺"。这些刺的外形跟叶刺、茎刺很像，但实际上完全不一样，它们与茎的内部毫无关系，刺着生的位置很混乱，而且很容易剥离，剥离后的断面也很光滑。还有板栗果实上长得密密麻麻的刺，也是"皮刺"。

植物浑身长刺看似很可怕，但对植物的生存是非常有利的，是对自然环境的一种绝妙适应。人或动物看到全身长满尖刺的植物，往往会犹豫不决，退避三舍，这对植物来说就增加了一份安全感。

# 禽言兽语之谜

　　常言说:"人有人言,兽有兽语。"动物的这些行为,都是一种"语言"在使用,动物的双方就会心领神会,知道是什么意思。所谓的动物语言,一般是指同一种动物之间为了种群的生存和发展传递信息的动作、气味和声音。动物的语言是五花八门,形形色色,耐人寻味。

# 鸟儿歌唱为哪般

大地返青,百花盛开。鸟儿重振歌喉,齐唱"迎春曲"。

喜鹊"喳喳"叫,高亢悦耳;百灵鸟的歌声,圆润优美;画眉的歌声,悠扬婉转;乌鸦的"呱呱"声,令人心烦……

## 神奇的鸟语

鸟儿歌唱,那是它的语言。

鸟类也有语言吗?有,而且相当丰富。据统计,全世界的各民族语言达 2796 种之多,而鸟类的语言也像人类的语言一样丰富多彩。各种鸟都靠自己"本族"的语言互相交流,传达感情,求爱觅偶……

鸟类的语言,内容及其丰富,不同时期的鸟语代表着不同时期的色彩和意义。有的是求偶的"情歌";有的是占地的宣言;有的是警告的信号;有的是取食的配合声……

有的鸟儿不仅是动人的"歌唱家",而且是有名的"口技演员"。

八哥和鹦鹉能够演出多种"口技"节目。如鸟儿的"啾啾"声,青蛙的"咯咯"声,鹤的"呵呵"声,小马的嘶鸣声,人的口哨声,汽车的喇叭声。人工驯养的八哥和鹦鹉,还会发出简单音节,如"客来,请进!"

为了研究鸟类的语言,前苏联的科学家还出版了一本《鸟语词典》。只要查一查这本词典,就可以知道鸟类的叫声了。他们还灌制了100多张鸟鸣的唱片,以供人们欣赏和研究。

美国有位马勒教授,人称"鸟语博士"。据马勒博士的研究,鸟能发出两类声音:一是叫唤声,另一是歌唱声。所谓"鸟语花香"的鸟语,据他研究,是属于歌唱声。鸟语中的叫唤声也有多种,比如发现了食物,叫同伴一起去享用,是吱吱唧唧的叫唤声;惊叫声也属于叫唤声,是向同伴报警,通知它们赶快逃掉。

现在俄罗斯已灌制了许多"鸟语唱片",供农场用,只要播放麻雀惊叫声,正在谷场啄食的麻雀便仓皇飞逃,保护了粮食。有的种植场,为引诱益鸟,则播放雌鸟动情期鸣叫唱片,可以把飞过的鸟儿引诱来同居。俄罗斯有些动物园,也用这种方法,引诱鸟类前来落户。

据马勒博士研究,鸟的歌唱声相当复杂,有的鸟只能唱一支歌,有的可唱几百支。比如美国的白头雀,只能唱一支歌,而且比较单调,而苍头燕雀,能唱四支歌。奇妙的是,它会把这四支歌前后排列,编成十二支歌唱出,表示十二种不相同的意思:有的表示母爱,有的表示恋歌,有的表示要求援。这些歌声,代表鸟世界中的信息交流,如求爱、寻亲、抚雏、集群、迁移、欢娱……科学家把各种鸟语振动曲线和其行为相对照,编成了鸟语辞典。各种鸟语犹如电子琴的振动典线,可在示波器或者电视屏幕上显现。

鸟语学家还发现,鸟语和人语一样,也有方言,也有南腔北调,十分复杂,多采纷呈。比如同是燕子,南方和北方的"呢喃"就有差别,而且彼此听不懂,这好像广东人和山东人讲本地话一样,彼此都听不懂。

马勒博士曾和别人合作,调查了遍布美国大陆的歌雀,凡是两地离得较远的歌雀,彼此鸟语不通,但同一地方或相邻地区的歌雀,可以听懂对方的鸣叫声。马博士曾把美国各地歌雀一一捉来,养在一处。他发现歌雀聚集一块,排斥另一地的,如果某地只有一只歌雀,那它只能躲在角落里向隅而泣,会受冷落。而且,歌雀只和同乡对歌,配偶也是只找老乡。据研究,总是雄歌雀先唱地方情歌,然后同乡的雌歌雀应和。科研人员把各地歌雀的声调振动曲线描绘出来会发现:两地相距越远,它的曲线波动形状也越不相吻合;反之,两地相距越近,则波动曲线越相似。

美国宾夕法尼亚州立大学鸟类学家佛令斯博士发现,正像美国人讲英语,法国人讲法语一样,美国乌鸦的"语言"和法国乌鸦的"语言"也不相同。

乌鸦是"语言"丰富的鸟类。其中有些种类的乌鸦,有三百来个"词汇"。这些"词汇"中,有一种表示报警的叫声,是在发现紧急情况的时候发出的,好像是在警告同伴们:"危险!快逃!"

佛令斯用高度逼真的录音磁带,录下美国宾夕法尼亚地方乌鸦的报警叫声。他把这个录音放给当地的乌鸦听,它们会立刻慌慌张张地飞走。但是,如果把这个录音放给法国的乌鸦听,它们听了之后竟无动于衷。看来,法国乌鸦是听不懂宾夕法尼亚乌鸦的报警信号的。

反过来,把法国乌鸦的报警叫声录下来,播放给宾夕法尼亚乌鸦听,它们听了之后也没有反应。宾夕法尼亚乌鸦也听不懂法国乌鸦的报警信号。

除了报警,其他像求偶、召集、觅食等"语言",宾夕法尼亚乌鸦和法国乌鸦的"说法"也都不相同。宾夕法尼亚乌鸦的叫声对法国乌鸦来说是"外语",听不懂,法国乌鸦的叫声对宾夕法尼亚乌鸦来说也是"外语",也听不懂。

佛令斯博士又研究了海鸥。他把海鸥惊恐时的叫声录下来,播放这种录音能使海边集群觅食的美国海鸥纷纷飞走。但是,把这个录音放给法国海鸥听,它们听了不但不飞走,反而聚集拢来,似乎很欣赏这种声音。

这些实验可以说明,鸟类也有"土语和方言"。

更为有趣的是,美国科学家发现,鸟类语言的表达也有语法。心理学家蒂姆·金特纳设计了一种独特的训练方法,用食物诱导八哥对包含某种句型的鸟鸣作出反应。经过 1.5 万次试验,大部分八哥都具备了识别语法的能力,而且还会发出回应的唱和。

## 鸟语早有记载

我国对鸟类语言的研究,早在两三千年前的古代就已经开始了,而且取得了相当大的成绩。

在《绎史·卷九十五》里,记载了这样的一个故事。

公冶长很穷,他又失业在家没事情干,竟到衣食无着的地步。有一天他正愁没米下锅呢,忽然他听到他的麻雀朋友呼着他的名字说:"公冶长,公冶长! 南山有只老虎丢下一只羊,你吃它的肉,我吃它的肠,赶快去拿勿彷徨。"公冶长听了小鸟的话,去把羊驮回家炖后吃了。后来丢羊的人顺着血迹找到了公冶长家,并在他家里发现了羊角,于是他认定公冶长偷了他家的羊,到鲁国国君那里去告状。鲁君不信世界上有什么人会懂得鸟语,于是把公冶长关在了监狱里。

不过,后来他又因为多次翻译鸟儿说的话并在实践中得到验证,从而从监狱里被放了出来。

公冶长是齐国(今山东潍坊一带)人,孔子的得意门生,"七十二贤"之一。传说他不但博通书礼,德才兼备,而且通晓鸟语,很得孔子的器重。

尽管鸟语奥秘无穷,一般人难以通晓,但跟鸟类进行交流,却是人们共同的心愿。

唐代诗人王建在《祝鹊》一诗中写道:"神鹊神鹊好言语,行人早回多利赂。我今庭中栽好树,与汝作巢当报汝。"诗人把喜鹊称作"神鹊",认为它的"言语"能给人带来吉祥、财富。为迎接喜鹊来家中落户,他要在院子里栽上好树,让喜鹊在上面作巢。

## 鸟儿为什么爱唱歌

鸣叫是鸟类在外界条件刺激下的一种复杂反应。经科学家研究,鸟类的鸣叫可分为好几种,平常时候的鸣叫和繁殖期间的鸣唱是不一样的。

例如,饥饿可以引起幼鸟的鸣叫;鸟儿在寻找食物或进行迁徙时,鸣叫可以保持个体间的联系;有时鸟儿用鸣叫警戒敌害的攻击;或者用鸣叫引诱猎物等。这种鸣叫是比较普遍的,音调也单纯。

鸟儿在繁殖期间的鸣唱是一种特有的鸣叫,一般是由雄鸟发出的,叫声比平时更加频繁,而且更加优美动听,此时的鸣叫既可以把雌鸟吸引过来,也可以把其他雄鸟从自己的领域赶走,孵卵育雏期间,雄鸟的鸣唱就逐渐减弱以至完全停止。这种鸣唱是和性腺活动有关的。

鸟类的鸣唱声是由位于气管和支气管交界的鸣管发出来的,鸣唱是在内外界环境条件刺激下的一种复杂反应,在它们的生活中是必不可少的。

但它们的歌声却具有许多与人类音乐类似的特征:抑扬顿挫的韵律节奏,悦耳动听的音调旋律,以及变化、重复、多样化等,所有这些都具有人类为之沉迷了数千年之久的音乐之美。罗马诗人、哲学家卢克莱修曾说过,"音乐是鸟儿教会人类的,在人类创造艺术之前是鸟儿教给了人类如何唱歌的。"

## 鸟语驱散鸟儿与飞机"接吻"

掌握了鸟语,还有独特的作用。世界上常常发生鸟和飞机相撞的事故,往往会造成机毁人亡的悲剧。飞鸟在飞机场上空飞翔对飞机的安全威胁很大,因此,有些国家在飞机场上播放海鸥的警报声,或老鹰的鸣叫声,使飞鸟远离机场,免得同飞机相撞引起事故的发生。

据美国媒体报道,美国阿肯色州医院一架直升机 2009 年 1 月 17 日

与飞鸟相撞而迫降。飞鸟将飞机的前部撞出一个洞,但是飞行员驾驶飞机安全降落。飞行员受了轻伤,其他两名机组成员安然无恙。

飞鸟和飞机相撞的例子很多。小鸟撞飞机的事情经常发生,特别是春、夏、秋三季,低空、超低空飞行时会更多一些,像麻雀、燕子大小的鸟撞上飞机可以说不计其数。威胁到飞机安全的大鸟,像鹰之类的出现相对少些。我空军近 3 年的事故中,2001 年就发生 3 起鸟撞飞机的严重事故,占当年严重飞行事故数的 21%。美国空军发生的鸟击事件最多,平均每年 2800 起;英国空军每年发生 700 起;德国空军和民航年平均 1200 起;印度空军 100 多起。

有人或许不信,一个小小的飞鸟,怎么敢和现代的飞机相撞,不是以卵击石吗!

是啊,飞机的材料一般是金属合金,怎么怕肉体的飞鸟呢?

一架飞机在空中以 300 米/秒的速度匀速飞行,而一只质量为 1 千克的小鸟以 10 米/秒的速度相向飞来,那么此时鸟相对于飞机的动量就为 310 千克·米/秒。机鸟相撞后这些动量几乎完全转化成了小鸟对飞机的冲量,而相撞时间又极短,约为 3 毫秒,那么由于机鸟相撞而作用于飞机上的冲击力约为 103 千牛,这无异于一颗炮弹的能量。质量为 1 千克的小鸟在与飞机相撞时的接触面积约为 0.02 平方米,所以飞机被撞击位置受到的压强就为 5.15 兆帕。目前的飞机材料大都经受不住如此大的压强,这是造成各种鸟撞飞机事故的直接原因。

# 水晶宫里的语言

水晶宫里的公民不是寂寞无声的,而是有声的世界。有的还有自己的歌声。

科学家们借助现代化的仪器,录下了水国公民的独特"语言"。

## 鱼类的语言

鱼类的发声中以石首鱼类最有名。明朝的李时珍就这样描述过:"石首鱼,每岁四月,来自海洋,绵延数里,其鸣如雷。"

科学家运用水下录音机等设备,研究发现水域也不是一个安静的世界,鱼类能发出五花八门的声音,十分有趣。

大黄鱼的声音,像远处的马达声:"轰隆隆,轰隆";小黄鱼的声音,像青蛙在鸣叫:"呱呱呱,呱呱呱";黄鲫鱼和鲳鱼的声音很相似,都是"沙沙沙沙",就像风吹树叶;箱鲀发出"汪汪汪"的声音,很像狗叫;青鱼发出的"唧唧啾啾"的声音,声似鸟鸣;沙丁鱼成群结队,发出"哗啦——,哗啦——"声,像是寂静的深夜,海滩上浪涛拍岸的声音;生活在大西洋的鼓鱼,黑海里的鲂鱼,能发出"咚咚"的鼓声、"叮叮"的铃声、"咯咯咯"的母鸡叫声,因而被誉为鱼中的"鼓手"和"歌唱家";比目鱼发出的声音更为动听,时而响若洪钟,时而脆似银铃,时而像大风琴雄浑的独奏,时而又像竖琴和谐地齐奏……

鱼类这般奇妙的声音,组成了一曲十分动听的海底交响乐。

那么,你知道鱼类所发出的不同声音的作用吗?

科学家发现,鱼类的发声多半是有一定生物学意义的,主要用来和同种或别种鱼类进行交谈,譬如:大黄鱼产卵前发出"吱吱、沙沙"声,产卵时又像小鼓"咚咚"响,产卵后则发出"咯咯"之声。有经验的渔民能根据大黄鱼发出的声音来判断鱼类群体的进退、大小和所处的水深情况。鲳鱼、鳓鱼一发现可口的食物,就用声音邀请同伙来分享。池塘风平浪静的时候,鲢鱼和柳条鱼常常集群游荡,它们前呼后拥,有时发出嘈杂的声音,那可能是在聊天,一遇风吹草动,立刻停止聊天,整个鱼群呼啦一声,向四面八方疏散开去。遇到敌害时,不同的鱼能发出不同的声音。有一种海鲫鱼,遇到凶猛的鱼类,它们会发出一种像敲打金属似的"当当当"声,这种奇特的声音,常使得凶猛的对手一时摸不透海鲫鱼的实力,不敢轻举妄动,而海鲫鱼却趁机逃脱了;真鲹鱼在遇到敌害袭击或追捕的时候,会发出"咕咕咕"的奇特叫声,这种叫声是在给同伴们通风报信,让它们赶紧躲避。人们在加勒比海观察到一条鱼在那里停留了3个月,其他鱼儿始终跟它保持20多米的距离。

鱼类不仅具有声音"语言",而且还具有光"语言"和电"语言"呢!

　　闪光鱼能利用发光细菌来点"灯"，这只灯有两个作用：当闪光鱼遇到凶猛的敌人的时候，就会突然点亮"小灯"，"灯光"使敌人眼花缭乱，而闪光鱼趁机逃之夭夭；另一个作用，闪光鱼用"灯光"做通讯工具，它可以告诉伙伴们，这一片是它的地盘，请不要擅自入侵，它们还能用"灯光"来互相交谈，成为鱼的光"语言"。

　　你知道吗？电鱼还能通过放电来"交谈"哩。

　　最近几年，科学家们对电鱼的研究又有了新的进展。他们惊奇地发现，在电鱼之间，其中的一条鱼放出的电脉冲，可以被另一条鱼接收，这条鱼收到之后，就会放出电脉冲来回答。通过这种电波的"交谈"，双方可以了解对方的种类、年龄和性别情况，电鱼能用不同频率、不同波形的电脉冲，来互通消息，想不到，电鱼放出的电波，竟变成了鱼类的"电话"了！

　　除了光"语言"和电"语言"之外，还有气味"语言"呢！

　　美国科学家做过这样一个有趣的实验：在大鱼缸里，有一条双眼失明的鱼在安静地生活着，在另一个鱼缸里，生活着一条凶恶的鱼中强盗狗鱼，科学家从狗鱼的鱼缸里舀了一杯水，轻轻地倒入瞎眼鱼的鱼缸里，瞎眼鱼立刻像受了什么惊动似的，在鱼缸里乱蹿起来，显得惊慌不安，最后竟躲到假山的石缝中去了。

　　原来，是狗鱼留在水里的气味，使瞎眼鱼惊慌，这也是一种鱼类的气味"语言"。

　　鲨鱼受伤时，它会向同伴发出"求救呻吟声"，仅仅在几秒钟后，远处的同伴便会闻讯赶来。

　　鳕鱼在求爱的时候同样会利用声音。当雌鱼进入领区，雄鱼除将鳍展开，还翻着筋斗同时发出"咕咚"声响，咕咚声与闪光对其它的雄鳕鱼来说，则是一种警告——"快离开我的领区，否则……"。

　　鱼类这个家族的"语言"是复杂的，除了声音以外，还有外形、气味、动作等都是特殊的"语言"表达,如雄三棘刺鱼通过跳"之字舞"告诉雌鱼自己已是个有资格的"征婚者";"清洁鱼"通过跳"波浪舞"告诉大鱼它的"医者"身份等。

有些鱼具有洄游的习性。洄游群中通常只有一个种类的鱼,它们除了通过鱼完善的眼睛来识别外形,还有一种特殊的"语言"——鱼类所产生的某些特殊的化学物质,这使得同一种类的鱼有相同的气味,而且,有时来自同一区域的鱼也有一种特殊的气味,鱼类可通过气味来识别同类。在这里鱼以气味作为语言。

人们利用海洋动物会发声"唱歌"的特点,用声音来诱捕鱼群,用声音来放牧鱼群。科学家把它们的"歌"录下来,通过水下"音响",播放"歌曲",吸引了很多鱼儿。水生动物的语言录音带,为海洋里的音乐会,又添了一曲新的篇章。

## 海中哺乳动物的语言

人们在茫茫的大海里航行时,有时候会听到一种神秘莫测的美妙歌声,这种歌声在古希腊史诗《奥德赛》中被充分渲染为迷人的"海妖之歌",后来人们才发现,原来这个海洋中的神秘"歌手"就是座头鲸。

座头鲸的歌声非常响亮,有时在80千米以外都可听到那深沉的低音符。歌声由"象鼾""悲叹""呻吟""颤抖""长吼""喊喊喳喳""叫喊"等18种不同的声音组成,节奏分明,抑扬顿挫,交替反复,很有规律,彼此连接成优美的旋律,各首歌持续的时间一般可长达6~30分钟。令人吃惊的是,它的歌唱不是使用声带而是通过体内空气流动来发出声音,就好像憋着气唱一段歌剧选曲一样。

座头鲸在同一年里都唱同样的歌,但每年都更换新歌,两个连续年份的曲调相差不大,都是在上一年的基础上逐年增添新的内容,这说明它能记忆一首歌中所有复杂的声音和声音的顺序,并储存这些记忆达 6 个月以上,作为将来唱新歌的基础,这也是说明其智力的一个证据。在唱新歌的时候,音节的速度要比旧歌来得快,往往是取其头尾,省略中间部分,很像人类语言的进化过程。

还有,生活在不同海区的、不可能相互接触的座头鲸唱的歌是不一样的,发出的声音有明显的差异,说明这些歌声是每个种群独自遗传给自己的后代的,但有趣的是所有歌声的变化却都遵守同样的规律,而且具有同样的结构,这与不同地域生活的人类所形成的方言非常相似,不同地区有着不同的方言,外地人是听不懂的。例如,每首歌中大都包含着 6 个主旋律段,即带有几个完全相同或稍有变化的乐句的 6 个乐段,每个乐段又包含 2~5 个音节。在任何一首歌中主旋律段出现的次序都一样,虽然有时会漏掉一个或数个主旋律段,但剩下来的主旋律段永远还是按预定顺序进行。

座头鲸有灵敏的听觉,它的"歌声"有哼哼声、呼噜声、嗥叫声和短促的尖叫声,歌声中包含着复杂的语言。它们在说些什么?动物学家把这种模式的每支歌,编成 8~10 个音的主题曲,每支曲唱 15~30 分钟。

科学家认为,鲸唱歌和鱼唱歌一样,是同类间求爱的呼唤,或者是警告声,表示不得靠近。

昆士兰研究员根据美国三年来有关鲸鱼的录音资料,发现鲸鱼的声音至少有 34 种类型(比 26 个英语字母还多!)。于是研究小组对澳洲东海岸的座头鲸进行研究,记录了 61 组的 660 个声音。从这些资料里他们分辨出哪些是求偶信号,哪些表示争吵。

科学家通过视觉跟踪 60 头鲸鱼沿澳大利亚东海岸迁徙。他们用静音的水听器阵列——传感装置来探测声波,然后将鲸鱼的声音与不同活动与背景联系起来。于是,他们识别了鲸鱼 622 种截然不同的声音,归属于 35 个基本种类。

研究发现,当鲸鱼们发现食物时,他们就会发出一种非常独特的声音信号,以便告诉其他鲸鱼这里存在食物。在鲸鱼繁殖季节,雄性鲸鱼们还会发出一种悠长而且低沉的歌声。由于雄性鲸鱼的体型与声音密切相关,体型更大的鲸鱼可以吸入更多的气体,发出的声音也就会更加宏量,雌性鲸鱼因此可以根据这些声音来辨别它们是否适合交配。

美国和加拿大的科学家对南极半岛和麦克默多海峡数百头威德尔海豹发出的声音进行了电脑分析,发现南极半岛海豹用 21 种叫声来传送信息,这些叫声音调低沉,比较短促;而麦克默多海峡的海豹用 34 种叫声进行交流,这些声音音调洪亮,持续时间较长。据科学家研究,威德尔海豹十分保守,只学习本地区同种海豹的创新语言,严格抵制外来语言对自己方言的影响。

海牛妈妈总喜欢用两片胸鳍搂住小海牛,一半浮在水上,一般沉在水中,发出的声音像在唱一支美妙动听的歌曲,多么像一个搂着婴儿的母亲在给孩子唱催眠曲啊!

# 舞蹈传信息

蜜蜂在分类上是无脊椎动物,昆虫纲,膜翅目,蜜蜂科。为有益昆虫,经人类长期饲养以供采蜜的蜂类。养蜂源于中国。古代大诗人屈原在诗篇《招魂》里叙述的食品已有蜂糖。范蠡《致富全书》里,曾记述养蜂采蜜,收蜂和驱逐害虫的方法。汉代,我国养蜂得到推广。

蜜蜂王国里有许多学问,说来让人感叹。

蜜蜂的大家庭里,一般由1个蜂王、少数雄峰和千万个工蜂组成蜂群,它们分工合作,共同维持群体生活。它们除生产大量蜂蜜外,还生产蜂蜡、王浆、蜂毒……

蜂王,又称母蜂,个体大,发育完善,专司生育产卵;雄蜂唯一的职能是与蜂王交配,繁殖后代,交配后即死去。工蜂,在蜂群中数量占群体的绝大多数。工蜂是生殖器官发育不完全的雌性蜜蜂,没有生殖能力。个体较小,它们的职能是负责采集花粉、花蜜、酿蜜、饲喂幼虫和蜂王,并承担筑巢、清洁蜂房、调节巢内温度、湿度以及抵御敌害等工作。

人们常说"勤劳的蜜蜂",这一点也不夸张。在晴朗的天气里,蜜蜂总是在野外忙碌着。一只蜜蜂大约要采集1000朵花,才能装满自己的嗉囊,嗉囊装满后回家卸空,蜜蜂又会去采集新的花粉。蜜蜂采集并储存花粉是一种本能的行为,以满足蜂群繁殖和发展需求,蜜蜂出巢采粉每次需要6~10分钟,每天出6~10次,最多40多次。每次所带回花粉团10~

40 毫克,平均 15 毫克,由此推算,每生产 1 千克花粉就需要采访 3300 多万朵花,一个中等蜂群,每年需要采集 30 千克花粉,因此每群蜂每年需要出巢采粉 200 万次,可采鲜花 10 亿余朵。要酿造 1 千克的蜂蜜,大约需要 6 万只蜜蜂整整采集一天。

## 舞蹈的语言

蜜蜂这样辛劳,来回往返,蜜蜂是怎样告诉同伴花源所在的地方呢?

对蜜蜂的这一行为进行研究和发现的,当属德国生物学家卡尔·冯·弗里希了。

当时,德国生物学家卡尔·冯·弗里希首先想到了花色的颜色。

他认为:花朵的颜色对于昆虫是应该有信号意义的,昆虫正是对这些颜色去采访花朵的,至少颜色是一个主要的信号。

于是,弗里希开始以蜜蜂来做实验对象,来试蜜蜂的色觉能力。

开始喂养之前,弗里希用一种涂有蓝颜色的小纸牌放在糖水的周围。这样,在每次喂养之前,都出现蓝色。

经过不断的重复之后,他又进行了新的实验。

用同样大小的小纸牌,一次摆出几十个。这些五颜六色的小纸牌像个棋盘。这一次,他并不给蜜蜂糖水,而是要观察现象。

结果,蜜蜂还是去找蓝色纸牌的地方,去寻觅平日所能找到的糖水。

这些小生灵并不迷失方向,它们甚至不飞到颜色鲜艳或醒目的白纸牌、黄纸牌那里。

这一点充分证明,蜜蜂这种小昆虫是有颜色感受和鉴别能力的。

弗里斯用同样的方法,证实了蜜蜂在嗅觉方面的能力。

在实验中弗里希发现,在试验的间隙里,会有零星的蜜蜂飞过来侦察,如果它们发现又有了糖水,会返回蜂巢,几分钟后,一大群蜜蜂就会蜂拥而至。

弗里斯产生了这样一个问题:这只侦察蜜蜂是不是跑回去报信呢,又是如何报信的呢?

科学史上一个最迷人的发现之一,就此意外地开始了。

弗里希采用一种试验性的蜂巢,并给个别蜜蜂做了颜色标志。

通过实验发现,蜜蜂是用"舞蹈语言"来传递信息的。

他发现,蜜蜂在发现了可供酿蜜的蜜源时,侦察蜂就在蜂巢的上方不断飞翔,做出圆形的飞行图案。它身上带着花粉或蜜源的残渣,告诉同伴们这种蜜源的性质,它的同伴根据它身上这种残渣的味道,很容易找到蜜源的花粉。根据侦察蜂舞蹈的活跃程度及持续时间,同伴们可以判断出蜜源的数量及甜度,从而决定应该动员多少蜜蜂去采蜜。

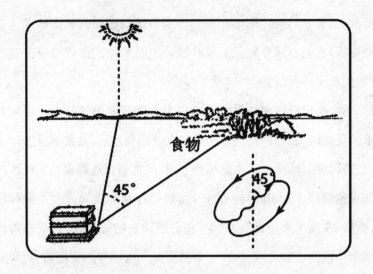

　　弗里希观察到,侦察蜜蜂回巢后,会在蜂巢上左一圈、右一圈地跳起"8"字形的圆舞,吸引许多其他蜜蜂跟在它后面,循着气味飞往喂食地点。糖水越甜,舞蹈越激烈、持续的时间越长。

　　到此,弗里希认为他已经破解了蜜蜂的语言。

　　然而,时光到了20世纪40年代,时隔20年后,弗里希又重做这个实验时,这才发现蜜蜂的舞蹈语言,并不那么简单,要比当初设想的复杂得多。

　　通过大量的实验,他终于发现蜜蜂的舞蹈不是一种,而是有两种。

　　圆舞,是侦察蜂在离蜂巢约50米以内发现蜜源时使用的。在较近的地方采回花蜜时,它返回巢内后,在同伴中间先安静地呆一会,慢慢把采到的花蜜从蜜囊里返吐出来,挂在嘴边,身旁的同伴们用管状喙把蜜吸走。然后,它在一个地方就跳起圆舞,即兜着小圆圈,迅速而急促地一会儿向左转圆圈,一会儿向右转圆圈。离舞蹈蜂最近的几个同伴也急促地跟在它后面爬,并用触角触到舞蹈蜂的腹部。圆舞的意思是蜂巢附近发现了蜜源,动员它的同伴们出去采集。第一批新参加的采集蜂采了花蜜返回蜂巢后,它们也照样跳起圆舞。蜂体上附着的花蜜里含有的花香气味,对它们也是一种信息。

摆尾舞,是蜜蜂在离蜂巢 100 米以上发现蜜源时使用的。在较远的地方采到花蜜时,它返回巢内来到巢脾上吐出花蜜后,就跳起 8 字形的摆尾舞。这种舞蹈,既可以指出蜜源的方向,又能指出离蜂巢的大概距离。

如果蜜源位于太阳的同一方向,蜜蜂会在巢脾表面先向一侧爬半个圆圈,然后,头朝上爬一直线,同时,左右摆动它的腹部,爬到起点再向另一侧爬半个圆圈。如此返复,在一个地点做几次同样的摆尾舞,再爬到另一个地点进行同样的舞蹈。它的同伴就知道,出巢后朝着太阳飞就会找到蜜源。如果蜜源位于与太阳相反的方向,它作摆尾舞时,在直线爬行摆动腹部时头朝下。蜜源位于与太阳同一方向但偏左呈一定角度时,它在直线爬行摆动腹部时,头朝上偏左与一条想像的重力线也呈一定角度。如果蜂箱坐北朝南,蜜源位于正南方 100 米以外,由于地球自转太阳在天空的位置在一天中随着时间不同而改变。在上午 10 时,蜜源位于太阳右方的一定角度,这时舞蹈蜂在直线爬行摆动腹部时,头朝上偏右与重力线呈同样的角度;12 时,太阳、蜜源与蜂箱呈一条直线,蜜蜂在直线爬行摆动腹部时,头朝上与重力线重合;16 时,蜜源、蜂箱与太阳呈 90°角时,舞蹈蜂的头向左偏与重力线也呈 90°角。

蜜源与蜂巢的距离和舞蹈动作的快慢有直接关系。距离越近,舞蹈过程中转弯越急、爬行越快;距离越远,转弯越缓,动作也慢,直线爬行摆动腹部也越显得稳重。蜜源距离为 100 米时,在 15 秒内,蜜蜂舞蹈的直线爬行重复 9～10 次;若是 500 米,重复 6 次;1000 米时重复 4～5 次;5000 米时重复 2 次;达到 10000 米时,直线爬行,只有 1 次左右。

同时,摇摆的方向能表示采集地点的方位,它的平均角度表示采集地点与太阳位置的角度,即使是阴天,蜜蜂也能通过感觉紫外线和偏振光,才知道太阳的所处的位置。

弗里希在 1946 年公布了这个重大发现,1973 年获得诺贝尔生理学或医学奖。

在 20 世纪 60 年代末和 70 年代初,美国生物学家亚德里安·温纳等人在做了一系列实验后,认为蜜蜂完全是根据气味而不是舞蹈语言来确认食物地点的。他们认为,蜜蜂的舞蹈就像其他采集性昆虫的"舞蹈"一样,只是用来吸引其他蜜蜂的注意并传递气味,并无任何抽象的含义。其他蜜蜂飞出蜂巢后,是根据它们从舞蹈者身上获得的食物味道,以及舞蹈者留在食物地点的体味去寻找的。在弗里希的实验中,采集蜂群能够直接飞往舞蹈者去过的食物地点,而忽视周围的其他食物地点,温纳等人认为正是被舞蹈者留下的体味吸引过去的。

为了反驳这些反对意见,弗里希又补做了一系列实验,例如把蜂巢侧立,并遮挡住阳光,这样舞蹈者搞不清方向,采集蜂群就没能定向飞往舞蹈者发现的食物地点。但是最有说服力的实验是其他生物学家在后来做的。其中一个实验非常简单,在侦察蜜蜂发现食物飞回蜂巢报信之后,研究者把食物移走,但是采集蜂群仍然根据侦察蜜蜂传递的"假情报",飞到原有食物的地点寻觅食物,尽管那里既无食物的味道也无侦察蜜蜂的体味。从而证明了蜜蜂舞蹈语言的准确性。

对一项匪夷所思的重大科学发现,有质疑、反对的声音和证据,那是很正常的事情,不过,关键是如何去寻找新的证据、设计新的实验,来验证它,让实验来说话,这更有说服力,科学的东西是经得起重复和科学检验的。

## 土语和方言

现在,大家知道蜜蜂有语言,这是人们都知道的常识。蜜蜂的语言是天生就会,而不是后天学来的。

昆虫学家发现,蜜蜂还有土语和方言哩。

例如,意大利蜜蜂和黑色的奥地利蜜蜂的方言和土语有所不同。意大利蜜蜂的"圆形舞"只表示大约 9 米以内有蜜源。但当路程超过 9 米时,就改跳另一种舞——"镰形舞",舞蹈路线的样式呈弯曲的镰刀形,"镰面"指向蜜源。当蜜源超过 37 米时,便改跳"8 字摆尾舞"。

印度蜜蜂当蜜源距离达 3.05 米时,"圆形舞"变为"8 字摆尾舞"。而且印度的"8 字摆尾舞"节拍要比黑色奥地利蜜蜂慢,而岩蜂又比印度蜂稍快。譬如,蜜源距离为 3.05 米时,黑色奥地利蜂每 15 秒跳 47 圈,岩蜂跳 6.7 圈,而印度蜂只跳 4.4 圈。

德国的一个蜂亚种摇摆一次表示 50 米,意大利的一个蜂亚种则表示 20 米。这种方言也是天生的。

蜜源的距离不同,在一定时间内完成的舞蹈次数也不一样。有人因此提出了一个诱人的设想:把人造的电子蜂放入蜜蜂之中,指挥蜜蜂活动。这样,不但可以按人的需要收获不同的蜂蜜,还可以帮助植物传粉,提高农作物的产量,真是一举两得。

# 气味藏有大学问

我们生活的空间,充满了神秘的气味。也可以说,我们生活在气味的包围之中。气味也是一种信息,是一种无声的语言。这些气味,是生物之间交流的桥梁和纽带,对生物来说至关重要。气味,对人和动物来说,有着奇妙的影响。你可知道,生物的气味还有这许多学问哩。

## 人的气味也不少

一个正常的人,也具有一定的气味。根据生物学家的测定,仅呼吸器官排出的化学物质就有 149 种,胃肠气体有 250 种,粪便中有 196 种,汗液中有 151 种,皮肤表面排出的 271 种,泌尿系统中排出 229 种。看看这些数字,人体的气味是相当复杂的。

古代的医生常根据病的气味来诊断病症。据说患伤寒的人会发出像热面包的气味,患麻疹的人会发出像新拔下来的羽毛气味,精神错乱的人会发出像老鼠或鹿的气味,患鼠疫的人会发出像蜂蜜的气味,患黄热病的人会有肉店的气味。

今天有些医学研究人员对古代的气味诊断方法也感到兴趣,如果遇有急症,这种诊断技巧可以救人一命。假如你是医生,要治一个送来昏迷不醒的病人。若是他的呼吸有丙酮那种特别的甜味,病人很可能患了糖尿病;若是带氨的气味,他的肾大概有问题。其他的气味可能表示肠道阻塞,或服下氰化物之类的毒药。实验室化验需要很长的时间,但训练有素的医生用鼻子可能在几秒钟之内作出正确的诊断。对症下药,时间就是人命呀!

## 昆虫的气味语言

有些动物是依靠气味来传递信息的,这就是动物的气味语言。

昆虫的谈情说爱,中间是没有媒人的,靠的是性引诱素的气味互相吸引的。

一只雌蚕蛾发出的恋爱"专味"——性引诱素,可以诱远在 2500 米以外的雄蚕蛾"恋人"飞来。

有人做过实验,把一只雌松树锯蝇关在笼子里,它所发出的性引诱素气味,可招引 11000 个雄蝇丈夫。

科学家通过实验发现,有些昆虫对性引诱素的气味非常敏感。如雄美洲蟑螂,有 30 个性引诱素分子,便可促使它产生性兴奋。

昆虫没有鼻子，它感受气味刺激主要是通过头部触角上的嗅觉感受器。昆虫体表的腺体能分泌信息激素，这是一类挥发性的有独特气味的化学物质。在昆虫释放的信息激素中，最普遍、最灵敏、最专一的，是吸引异性的"性引诱素"。

例如，一种雌蛾在交配产卵前，能分泌只有 0.1 微克的"性引诱素"，但雄蛾依靠头部的触觉，甚至在 1 千米外都能收到这种信号，几乎只要一个气味分子作用于雄蛾的触角，就足以引诱雄蛾与雌蛾"约会"。

有些动物常常以特殊的气味来达到引诱异性、追踪目标、鉴别敌友、发出警报、标明地点、集合或分散群体等目的。

例如，蜂王通过分泌一种唾液产生的气味招引工蜂来为自己服务；雌蛾产生的气味能引诱距离很远的雄蛾；蚂蚁利用味觉和嗅觉彼此进行联系，识别同窝伙伴。有一种雌性害虫，在受到敌人伤害时，便释放一种淡薄的气味，来通知和掩护同伴逃命。据说，用气味来传达信号的昆虫有100 多种。

有的昆虫学家根据昆虫气味语言的特性，用一种强烈的气味来冲淡害虫的气味，导致它们行为混乱，损害它们的繁殖力，以达到减少农业虫害的目的。

有些外激素的作用对象只是同种昆虫个体。性外激素，多是由雌虫分泌并释放，引诱雄虫前来交配。交配后，停止分泌。性外激素具有专一性，即只招来同种异性个体，不会引来其他的种类。这类激素留下的痕迹的引诱距离，不同的昆虫也不尽相同。如家蚕仅为几十厘米；某种天蚕蛾远达 4 千米；而嗅觉最灵敏的蝴蝶性外激素，能波及 11 千米，使雄蝶沿性外激素痕迹波浪式飞来。

在白蚁的家族中，有蚁后、蚁王、兵蚁、工蚁等成员。蚁后、蚁王只管生儿育女；兵蚁负责保护蚁巢及对外战争；工蚁是干苦力专门劳动的。

工蚁在行走过程中，会沿途洒下一种信息素的气味，给同伴建立路标，以便引导觅食和返巢的伙伴。铺设这样的气味路标，只需极微量的信息素，每千米只许 0.01 毫克，非常经济，即使围绕地球转一圈，也只需400 毫克信息素，是其他铺设材料所无法比拟的。

人被一只蜜蜂螫了，往往很快遭到大批蜜蜂的围攻，因为蜜蜂把螫刺留在人皮肤中的同时，也留下了报警外激素，结果这种气味激怒蜂群，后果是很危险的。

蚁、蜂、蚜虫等受到伤害或惊扰时，会放出一种"警戒素"，以告诉同类赶快逃避或奋起自卫。

更为有趣的是，有的蚂蚁死了，也会发出一种奇特的气味，同伴闻到这种气味，就会把它抬出去埋掉。如果把这种信息素涂抹在其他蚂蚁身上，同伴会毫不客气地把它抬出去埋掉。看来，蚂蚁是认味而不认"人"的。

社会性昆虫（蚂蚁、白蚁）等常释放追踪外激素，可以指引同伙寻找食物。如火蚁用螯刺在地面上连续涂抹有气味的物质，同伴便沿着这条"气味走廊"爬向食物。

有血昆虫还分泌聚集外激素，可吸引同种个体聚集并进行一系列活动，如取食、交配、越冬等。例如鞘翅目的小蠹虫，当它们对生活环境不满意时，便分泌这种物质，结果便成群结队地飞到更合适的地方。聚集现象可以是暂时的，像蝗虫、蝴蝶的群集迁飞；蚊子、昆蜉等的婚配聚集；或是瓢虫的越冬聚集。也可以是永久性的，像蜜蜂就是这样。因为蜂王不断分泌聚集外激素，对蜂群产生强大的凝聚力。

外激素除了对同种个体发生作用外，有些外激素对不同种的个体也能产生影响。有的昆虫会释放利己素，对接受者不利并远离它。瓢虫、椿象（臭大姐）等受到天敌攻击时，可释放这类物质以驱赶敌人保护自己。有的昆虫会释放利他素。这种外激素令人疑惑，它对释放者不利反而对接受者有好处。如棉铃虫翅膀鳞片中发现的利他素，可引诱赤眼蜂在棉铃虫卵上产卵寄生。

各种传信素的发现、分离和人工合成，不仅为我们揭示动物行为的秘密，也为进而控制、改造生物开辟了诱人的前景。

据报道，最近已研制成功一种香味浓郁的"假激素"，蚊子、蛾子和小甲虫等害虫闻到之后，便会大倒胃口，停止吃食和排泄，中断发育周期，并不再繁殖后代了。一旦这些研究成果得到广泛应用，人们对于使用农药的后顾之忧，也就可以彻底解除了。

## 兽类的气味语言

人们发现，运用气味语言的绝非昆虫一家，鱼和某些兽类也有这种本领。尤其是兽类的气味语言更是了得。

狗在自己的地盘内到处撒尿,别的狗在闻到这种气味后,不会轻易跨越这条无形的界线;羚羊在交配期间用嘴在树丛里蹭来蹭去,把气味抹在上面,外来的羚羊嗅到这种气味后也不随便入侵。

雄鹿在求偶时,它会用身上的芳香腺往树上擦,这样,树上便留下了自己的气味,于是,雌鹿闻到它的气味以后就会循踪而至。

人们在小狗身上抹上母猪的尿液,母猪凭着这种体味信号,会把小狗当作自己的孩子进行哺乳。

雌狗发情时,也会分泌一种"恋爱专语",来吸引远地的狗丈夫。

老鼠被捕鼠夹夹住后,会立即发出警戒气味,"这里危险,不要来啦!"再使用这只捕鼠夹时,要等上面的气味完全消失后,才能有效。

有矛必有盾,国外研制出来一种香气浓烈的老鼠芳香质,可涂抹在捕鼠夹上,来对付老鼠的气味警戒。

看不见,摸不到的气味,有着神奇的作用,竟还有着巨大的权威,动物群中的领袖会发放令其他动物驯服的气味。

许多动物常常以气味划地盘,如同国境线一般,领土不可侵犯。

科学家发现,动物也有自己的"领土",那是一条无形的界线,谁越过这条界线就会引起争斗。当两头公牛要相斗或两只狗即将相咬之前,其中一只向前一步,另一只往往就后退一步。只要不入侵对方的"领土",对方就暂时不会还击,一旦越过了那道无形的界线,便立刻会打斗起来。

狍,生活于我国东北、西北、华北和内蒙古等地的小山坡稀疏的树林中,体长一米多一点,重约 30 千克,尾巴仅 2~3 厘米,雄性长角只分三个叉。过冬时一只雄狍与两三只雌狍及幼狍在一起。雄狍角冬天脱落,新角最迟 3 月开始生长,6、7 月长成,此时进入发情期。雄狍用角剥开树皮并留下前额臭腺的分泌物作为自己地盘的标志。

有人见过，狼在追逐鹿的时候，追到另一群狼用气味划定的国界，竟戛然止步，到了嘴边的肥肉只好看着让其溜走。可见，气味的力量不可低估。

占优势的雌鼠，常会发出一阵气味，来调节、支配其他老鼠的交配期，甚至抑制其他老鼠的生育能力。

更有甚者，那便是以尿划地盘的貂熊。

貂熊生活在我国东北大兴安岭林海深处，它有画尿圈的绝技，饥饿时，它以尿的气味围成一个"禁圈"进行猎食。尿圈的威力如同神话故事孙悟空用金箍棒画的禁圈一样，被画入圈中的小动物如中魔法，再也不敢越出圈外，只能呆在圈子里一动不动等貂熊捕食。

真是不可思议，对于尿圈发出的气味，连豺狼虎豹也闻而生畏，只能望圈止步，不敢进圈争食。

动物究竟是怎样划定自己的"领土"范围的呢？这个问题十分复杂，目前还没有完全搞清楚。一般认为，嗅觉在动物的"领土"划定中起着很重要的作用。

# 奇妙的肢体语言

有些动物是以肢体发出的动作，来作为联系信号的。肢体也是一种语言，说来也富有趣味。

### 蟹家庭的"旗语"

"药杯应阻蟹螯香，却乞江边采捕郎"，这是诗人对螃蟹的描写。

科学家发现，螃蟹虽没有嘴巴，发不出声音语言，但它有"旗语"——挥动螯足来完成的。

在我国海滩上有一种小蟹，雄的只有一只大螯，在寻求配偶时，便高举这只大螯，频频挥动，一旦发觉雌蟹走来，就更加起劲地挥舞大螯，直至雌蟹伴随着一同回穴。

螃蟹尽管有嘴巴，但却无法开口"说话"，而是靠螯足发出的"旗语"来互相交流信息，表达感情。

当螃蟹占领洞穴后，便挥动"旗语"宣告它的占领权。它们站在洞口交替地一屈一张地挥舞自己的大螯，打出各自的"旗语"，这些"旗语"的表达方式是不同的。有的螯足先向侧方伸展，然后举起、弯曲，使螯足在身体的顶端作环形运动；有的招潮蟹，螯足先垂直地抬起，在空中画圈，然后再弯曲。螯足画圈的速度与方向，在不同的种类中各不相同，比较原始的窄额招潮蟹，螯足一直是简单举起、放下而不张开。每一次这样的舞动可能持续1秒钟，有的甚至可达10多秒钟。每一种招潮蟹的挥舞动作各不相同，它们这种炫耀式的表演，是对所有伙伴宣布它的领地占有权，警告它们不要轻举妄动。

有人已经辨认出招潮蟹的18种"旗语"信号所表达的内容。

螯足收拢紧贴在体前，身体尽力贴向地面，并向后退却，这是螃蟹的屈服姿态。

在寄居蟹中，螯足前伸，外表面向外，指尖指向地面，表示初步警告。而当它把螯足抬起，伸直并指向对方时，这无疑是最后通牒了。

大多数螃蟹两指稍张，并指向前下方，而当它们把螯足尽力张开时，则表示最后的警告。

不过，方蟹类和沙蟹类所用的信号与此不同：沙蟹初步的威胁信号是蟹足保持在体前，并指向下方，当敌人进一步逼近时，它将用螯足在空中画圈，发出警告。还有某些种类如方蟹，懒得去画圈，它们只是简单地用螯敲打地面。

不同的螃蟹斗殴的方式是不同的。有的用螯足相推，有的用螯足夹，还有的用螯足尖打。毛带蟹格斗时，尽力张开螯足，相互抓握，很快一方退出格斗舞台,然而,得胜者会伸开它的大长腿上下蹦跳,一并以大螯在沙地上敲击,跳起十分可笑的"凯旋舞"。大腿蟹的格斗是以外展的螯足相互叩击;招潮蟹则通过大螯的彼此摩擦、推搡、敲击、滑动和触摸对方的疣突、隆脊来进行。通常每一回合只包括其中的1~2个动作,并且只持续几秒钟,但也有长达3分钟的记录。

如果看到雌蟹和雄蟹螯对着螯,成双成对地前后左右转着翩翩起舞,这是螃蟹跳起了"求婚舞",是培育小生命的前奏曲。

## 尾巴的语言

禽鸟世界里,有些弱者认输时,常用翘尾巴、趴在胜者脚下的动作来表示认输,以求胜者"高抬贵手",饶它一命。瑞典生物学家阿道人·波尔特曼曾观察过雄火鸡和孔雀的一场搏斗,结果雄火鸡输了,雄火鸡便向孔雀投降:它尾部高高翘起,低着头趴在地上,表示请求对它的宽恕。

尾巴也可以表达一种无声"语言"。不同动作表达了动物的不同情感。其中最典型,也是人们最熟悉的例子,要数狗与猫了。

狗尾巴的动作也是它的一种"语言"。虽然不同类型的狗,其尾巴的形状和大小各异,但是其尾巴的动作却表达了大致相似的意思。一般在兴奋或见到主人高兴时,就会摇头摆尾,尾巴不仅左有摇摆,还会不断旋动;尾巴翘起,表示喜悦;尾巴下垂,意味危险;尾巴不动,显示不安;尾巴夹起,说明害怕;迅速水平地摇动尾巴,象征着友好。狗尾巴的动作还与主人的音调有关。如果主人用亲切的声音对它说"坏家伙!坏家伙!"它也会摇摆尾巴表示高兴;反之,如果主人用严厉的声音说:"好狗!好狗!"它仍然会夹起尾巴表现不愉快。这就是说,对于狗来说,人们说话的声音仅是声源,是音响信号,而不是语言。

狗尾巴的活动还与嗅觉和特殊的肛门腺密切相关。肛门腺使每条狗都具有各自独特的气味。一条兴奋的狗会摆动尾巴传播气味；一条受惊吓的狗会将肛门腺掩盖起来，不再排放气味，尾巴摆动的频率反映了狗的健康与兴奋的程度，摆动得愈快。表示愈兴奋和健康，摆动得慢，表示虽有兴奋感，但健康却不佳。对于执行任务时的猎犬、警犬和军犬来说，它们尾巴摆动的含意就更为深刻了。

猫也能通过尾巴表达自己的情感。当猫遇到新情况或极度兴奋时，比如在发情期遇到异性，猫的尾尖常会剧烈地抽动；当发现老鼠或其他动物，准备出击时，猫的尾巴就与身体成一条直线，随着身体的下伏，尾与地面平行，只有尾尖在微微摇动；当与敌手搏斗和非常生气时，猫会用整条尾巴猛烈地抽打地面，发出啪啪的响声；受到惊吓而感到恐惧时，猫的尾巴会发抖似的颤动。当猫端坐着沉思时，尾巴前端会稍微摆动。在向主人乞食时，猫尾巴又会向上笔直翘直，与身体成 90 度角。猫在睡眠时，尾巴常围绕在自己身旁。

鹿和狍子在逃窜的时候，总要把尾巴翘起，露出下面的白色，好像挂上了一面醒目的白旗，表示自己已经投降了。它们的这种行为，这是为了便于在奔跑中互相联络，不至于迷失方向。而夹起尾巴仓皇溃逃的犬类动物，才是偃旗息吠，失败服输的表示。

西班牙有一种鼢鹿用尾巴的摆动作为信号，来彼此通风报信。这种鹿的尾巴的内面是白色的，当平安无事的时候，它的尾巴垂下不动，悠闲自得；当它把尾巴半抬起来的时候，就表示正处于警戒状态，意识到了身边的异样；如果发现危险，尾巴便完全竖直，通知伙伴们情况不妙。

在平静的时候，野猪的尾巴总是转来转去，或者下垂着。可是，一旦发现不祥之兆，它便立即扬起尾巴，尾尖上还卷成一个小圆圈，就像一个问号似的，其他野猪见到后就会马上警觉起来。

河狸和臭鼬都是哺乳动物中的鼬科动物，它们的尾巴都是出色的警告器，而海獭的尾巴还是水中划行和筑堤的工具。河狸十分灵敏，当它发觉敌兽袭击时，就会发出"警告"，用扁平的尾巴猛击水面，打得辟啪作声，来警告其他河狸："这里危险，迅速离开。"于是它的伙伴就会立即潜逃得无影无踪。

臭鼬同样也会用它的尾巴当作警告器，但它所警告的是敌方而不是同类。如果人见到臭鼬的尾巴往背部卷曲成弓形的姿势，就该识相一点，赶快避开，否则，它的肛门腺分泌出臭液散发的恶臭会令你昏倒。

当兔子遇到敌人，它会立即逃开，但是让人不可思议的是，其他的兔子也跟着一阵风似的逃跑了。这是什么原因呢？它们是怎样传递信息的呢？

原来，兔子是靠尾巴传递情报的。

绵尾兔有一条粗大的尾巴，尾巴上的毛很长，被风吹起来蓬蓬松松，更显得粗大，它的尾巴又是白色的，十分醒目。绵尾兔逃跑时，跑在前边的总会将尾巴竖起来，让同伴看清楚又粗又大又洁白的尾巴，好像告诉同伴"不好了，敌人来了，赶快逃命吧！"在这里绵尾兔的尾巴就像一面旗帜，指挥着兔兵兔将逃命。

猴王在猴中具有绝对权威。日本猴的猴王平时总是把尾巴竖得高高的，因为尾巴是它的旗帜，标志着它是猴群的总头目，猴群中的其他猴子，是不允许把尾巴竖起来的。

松鼠把尾巴当作交际工具。

科学家们发现,躯体不大的美洲松鼠也会用尾巴向同伴表达复杂的含意。这种松鼠最大最危险的敌人是蛇。当蛇出现时,美洲松鼠并不逃开,而是集体接近蛇,便出现了群鼠攻蛇,迫使蛇退却的惊险场面,为了协调彼此的行动,美洲松鼠就用尾巴作为旗帜来发号施令:尾巴猛挥三下,是示意总攻开始;挥两下,继续进攻;挥一下,停止进攻。此外,松鼠还用尾巴不同的摆动方式,来表示威胁蛇的种类、大小距离和运动方向。如看到最危险的响尾蛇时,尾巴就匀速地多次摆动,并且离蛇越近,挥动次数越频繁。

## 人的肢体语言

不光动物有肢体语言,人也有肢体语言。

姿势袒露心迹,科学家已经破译了肢体语言的奥妙。

早在查尔斯·达尔文开始研究肢体语言之前,1872 年他就曾写过一篇题为《人和动物情感表达》的文章。他认为能读懂肢体语言无论对学习和工作都很有用。

国际上著名的心理分析学家、非口头交流专家朱利乌斯·法斯特曾写道："很多动作都是事先经过深思熟虑，有所用意的，不过也有一些纯属于下意识。比如说，一个人如果用手指蹭蹭鼻子下方，则说明他有些局促不安；如果抱住胳臂，则说明他需要保护。"

头部姿势侧向一旁——说明对谈话有兴趣。

一个人如果跷起二郎腿，两手交叉在胸前，收缩肩膀，则说明他已感到疲倦，开会开腻了，对眼前的事不再感兴趣。

人常用肢体语言来反映他的内心闭锁状态，而且方式多种多样。

如果谈话对方双手交叉地抱在胸前，又跷起二郎腿，说明此人内心紧张和不愿袒露心迹。如果在谈判场合看到这种姿势，则说明对方对你缺乏信任，你就得克服这种不信任。在这种场合只有表示坦诚和信任的手势能帮助你。你不妨手掌朝上地摊开双手，那意思是在说："我不会对你有坏心眼。"在谈话的时候你还可以把一只或一双手都伸向对方，这多少可以消除他的警惕心理。也可以送过去任何一件东西，像一杯咖啡、一份合同或一支笔，都足可以让他敞开心扉。

实际上，我们与人交谈时，有三种沟通的方式，即语言、声音和肢体语言。有研究表明，沟通的55％是通过肢体语言进行的，因此，你有必要注意自己的肢体。加州大学洛杉矶分校的阿尔伯特·梅拉宾的研究表明，沟通的55％是通过肢体语言进行的，38％是用声音完成的，只有7％是用语言表达。

肢体语言有很多种，所以我们要学会肢体语言，更好地同他人沟通。

# 超声语言及其他

科学家们将每秒钟震动的次数称为声音的频率,它的单位是赫兹(Hz)。我们人类耳朵能听到的声波频率为 20～20000 赫兹,当声波的振动频率小于 20 赫兹或大于 20000 赫兹时,我们便听不见了。因此,我们把频率高于 20000 赫兹的声波称为"超声波"。有趣的是,有些动物就是利用超声波来通讯的。当然,动物除了超声波语言外,还有其他语言。

## 超声波语言

蝙蝠是一个庞大的家族,大约有 1000 种左右。蝙蝠的食谱主要是以昆虫为主。有人推算,一只蝙蝠一昼夜至少要吞食 3000 只左右的昆虫。

在夏日的晚上,大家会发现,蝙蝠在飞行的时候,虽然是漆黑的夜晚,但蝙蝠照飞不误。是什么原因使它在空中如此灵巧地飞行,而不用担心碰到电杆、大树、山墙上呢?

时光回到 200 多年前的 1793 年,法国的科学家帕斯拉捷也不明白这个问题,但他的可贵之处在于想到了这个问题就去实现它。

1793 年夏天,一个晴朗的夜晚,喧腾热闹的城市渐渐平静下来。帕斯拉捷匆匆吃完饭,便走出街头,把笼子里的蝙蝠放了出去。当他看到放出去的几只蝙蝠轻盈敏捷地来回飞翔时,不由得尖叫起来。因为那几只蝙蝠,眼睛全被他蒙上了,都是"瞎子"呀。

蝙蝠捕获了一只蜈蚣

蝙蝠利用回声定位
方式捕获食物的模式

帕斯拉捷为什么要把蝙蝠的眼睛蒙起来呢?

原来,每当他看到蝙蝠在夜晚自由自在的飞翔时,总认为这些小精灵一定长着一双特别敏锐的眼睛,否则就不可能在黑夜中灵巧的躲过各种障碍物,并且敏捷的捕捉飞蛾了。然而事实完全出乎他的意料。

帕斯拉捷很奇怪:不用眼睛,蝙蝠凭什么来辨别前方的物体,捕捉灵活的飞蛾呢?

于是,他把蝙蝠的鼻子堵住。结果,蝙蝠在空中还是飞的那么敏捷、轻松。"难道他薄膜似的翅膀,不仅能够飞翔,而且能在夜间洞察一切吗?"帕斯拉捷这样猜想。他又捉来几只蝙蝠,用油漆涂满它们的全身,然而还是没有影响到它们飞行。

最后,帕斯拉捷堵住蝙蝠的耳朵,把他们放到夜空中。这次,蝙蝠可没有了先前那么神气了。他们像无头苍蝇一样在空中东碰西撞,很快就跌落在地。

哇噻! 蝙蝠在夜间飞行,捕捉食物,原来是靠听觉来辨别方向、确认目标的！

帕斯拉捷的实验，揭开了蝙蝠飞行的秘密，促使很多人进一步思考：蝙蝠的耳朵又怎么能"穿透"黑夜，"听"到没有声音的物体呢？

后来人们继续研究，终于弄清了其中的奥秘。

原来，蝙蝠靠喉咙发出人耳听不见的"超声波"，这种声音沿着直线传播，一碰到物体就像光照到镜子上那样反射回来。蝙蝠用耳朵接受到这种"超声波"，就能迅速做出判断，灵巧的自由飞翔，捕捉食物。

帕斯拉捷的成功，再一次实现了他的哲理名言——"再好的理论，如果把它束之高阁，并不实行，也是没有意义的。"

现在，人们利用超声波来为飞机、轮船导航，寻找地下的宝藏。超声波就像一位无声的功臣，广泛地应用于工业、农业、医疗和军事等领域。帕斯拉捷怎么也不会想到，自己的实验，会给人类带来如此巨大的恩惠。

后来，科学家在斯帕拉捷研究的基础上，研究发现：原来蝙蝠的喉头会发出一种高频率声波，我们把它叫做超声波。

科学家们将每秒钟振动的次数称为声音的频率，它的单位是赫兹。我们人类耳朵能听到的声波频率为20～20000赫兹。当声波的振动频率大于20000赫兹或小于20赫兹时，我们便听不见了。因此，我们把频率高于20000赫兹的声波称为"超声波"。

蟋蟀、蝗虫和老鼠等动物，是用超声波进行联系的。

海豚的超声语言是颇为复杂的。它们能交流信息，展开讨论，共商大计。1962年，有人曾记录了一群海豚遇到障碍物时的情景：先是一只海豚"挺身而出"，侦察了一番；然后其他海豚听了侦察报告后，便展开了热烈讨论；半小时后，意见统一了——障碍物中没有危险，不必担忧，于是它们就穿游了过去。

现在，人们已听懂了海豚的呼救信号：开始声调很高，而后渐渐下降。当海豚因受伤不能升上水面进行呼吸时，就发出这种尖叫声，召唤近处的伙伴火速前来相救。

有人由此得到启发，认为今后人们可以直接用海豚的语言，向海豚发号施令，让它们携带仪器潜入大海深处进行勘察和调查，或完成某些特殊的使命，使之成为人类的得力助手。

## 语言猎奇

长尾鼠在发现地面上的强敌——狐狸和狼等时，会发出一连串的声音；如果威胁来自空中，它的声音便单调而冗长；一旦空中飞贼已降临地面，它就每隔八秒钟发一次警报。母鸡可以用七种不同的声音来报警，它的同伴们一听便知：来犯者是谁，它们来自何方，离这儿有多远。

"心有灵犀一点通"，是唐代李商隐《无题》中的诗句，意思是说两心相通，互相了解。灵犀，犀牛角，旧说犀牛是灵异的兽，角中有白纹如线，直通两头。这里借指当某一动物发出了信号，其他动物也领会到是什么意思。有些动物的警报声，不仅本家族的成员十分熟悉，就连其他动物也都心领神会。例如，当猎人走进森林时，喜鹊居高临下，叽叽喳喳地发出了警报，野鹿、野猪和其他飞禽走兽顿时便明白了：此地危险。于是它们不约而同地四处逃窜了。

根据动物学家研究，猪有 23 种声音信号；狐狸有 36 种声音信号；而阿拉伯狒狒发出的声音信号竟然不少于 40 种。

人们发现，每当敌害来到白蚁的巢穴时，整群的白蚁常常已逃得无影无踪，只留下空"城"一座。为了揭开这个奥秘，昆虫学家进行了专门的研究。原来，担任哨兵的白蚁能从很远的地方发出敌情"报告"，用自己的头叩击洞壁,通知巢中的蚁群立即撤退。

夜深人静时,经常能听见一阵阵凄厉的狼嚎。实际上,狼嚎是一种"语言",能使狼群成员之间经常保持联系。每当一只狼高声嚎叫时,其他的狼也会跟着嚎叫,嚎声此起彼伏,四处回荡,形成一曲恐怖的"野狼大合唱。"在狼群中,撕咬颈项是友谊的象征,表示互相尊敬,皱鼻是狼的特级警报。

家猫说话的方式有多种多样。如果你注意听它的"喵喵"叫声就会发现,若是叫一声便突然中止,然后张大嘴吧并不立即闭合,这里有双重含义:一是对你问候,二是提出某种要求。假如它在关闭的门前这样叫唤,就是要求外出的意思;如果在冰箱门前叫,则表示肚子饿,想吃点东西。有时猫会呼呼发声,那是盛怒的表现。有趣的是,家猫还会发出呼噜声,这表示它对主人很满意。例如它受了伤,痛得厉害,但只要躺在它喜爱的主人怀里,也会发出呼噜声。春天寻找配偶时,雌猫往往发出一连串哀怨凄切的嚎叫声;但当同狗争食时,猫却会一边吹胡子瞪眼睛,一边发出强烈的抗议声。

## 猴 语

　　猴子常常为争夺食物和地盘而互相厮打，当一只猴子攻击对方时，会发出"嘎！嘎！"或"咽！咽！"的声音，表示恐吓威胁。弱者听到后，便发出"吉亚！吉亚！"的声音，表示害怕。

　　黑长尾猴看见一条蛇的时候，会发出一种警告声，并一直紧盯着这个入侵者；听到花豹警告信号，它们急急忙忙地冲向树冠层上最纤细的树枝，花豹是不可能爬到那里去的；如果来的是老鹰，它们便会找到最茂密的树丛，躲在里面，直到危险过去。三种不同的警报，使得黑长尾猴的自我保护系统更加有效。

　　两位美国科学家在肯尼亚对猴子的行为进行了研究发现，当猴子发现豹时发出的报警叫声类似急剧的呼唤声，就像狗在狂吠；当发现鹰时发出的报警叫声较低沉，像一连串断断续续的呼噜声；而当发现蛇时发出的报警声却是尖叫声。

这两位科学家已经鉴别出了其中四种叽咕声，可以把它们翻译出来。第一种叽咕声似乎是在说："注意，另一群猴子走近了。"事实上每当一只猴子发出这种叽咕声时，或者每当录音机里放出这种叽咕声时，整个猴群就会沿着它们自己的领土界线分散开来。第二种叽咕声看来是意味着："我们就要开始一次集体活动，大家保持警惕。"第三种叽咕声可以译成："我是你的领导，注意，我来了。"第四种叽咕声的意思可能跟第三种叽咕声的意思相对应："你们别怕我，我是你们的部属，我来了。"

我国科学工作者，对金丝猴的"语言"初揭端倪。

当猴群移动时，猴王总是一马当先，走在前头。它认为这里平安无事之后，便会发出"唝—弓"的一声，告诉大家放心前进；当队伍过于分散时，猴王又及时发出"呱—呱—呱"的几声呼唤，要大家注意相对集中；携带幼猴的金丝猴妈妈们，一边跑，一边不断地"瞿—瞿"呼唤，让幼猴们不要迷路，不要掉队；当金丝猴休息的林地传来一声"咕—咕""呷—呷"的尖锐的惊叫声，这是哨猴在报警，这声音意味着有云豹、金猫等兽类或者有雕、鹫等猛禽前来进犯，或许又是猎人的偷袭；当猴王发出"呜—咯—咕"的声音，表示"没问题，一个不少"。

目前，分类学家正在研究，把动物的声音信号，作为动物分类的一种指标；生态学家正在探索，如何通过声音信号，来揭示动物行为的奥秘。更引人注目的，则是利用动物的声音语言来指挥动物，使动物按人类的吩咐行事，不得越出雷池半步。

# 有趣的植物"对话"

众所周知，人类有自己的语言，通过语言来交流彼此的感情。动物通过叫声来相互联络，如鸟叫、虫鸣、狗吠、狼嗥、虎啸、狮吼等，这是动物的"语言"。可是，植物与动物不同，它们不会喊叫，所以人们一向以为植物是没有语言的。

如果说植物也会"对话"的话，大家或许认为是天方夜谭。

据说，印第安人在砍树或锯掉树枝之前会请求树木原谅。现在，一些科学家认为，美国土著居民的这种传统，可能会成为植物也有"语言"的依据。

通过研究,大多数专家认为,植物能够相互进行交流是可以肯定的,不然,怎么会有如下这些现象呢?

## 植物也有语言

科学家们在研究中出人意料地发现,当虫咬叶子时,叶子便释放出一种激素,类似于动物受到伤害时释放的内啡肽。在动物身上,这些激素帮助把一种叫做花生四烯酸的化学物质转化为前列腺素。

昆虫学家孔苏埃洛·德莫赖斯研究证明,棉花、玉米和烟草作物在受到玉米螟蛉和烟草夜蛾攻击时,也会发出一种危险信号。这些植物所释放的化学物质会使它们不易受到玉米螟蛉和烟草夜蛾的伤害,同时还能吸引玉米螟蛉和烟草夜蛾的天敌,一种体长 1.3 厘米的黑色寄生蜂来帮助它们赶走玉米螟蛉和烟草夜蛾。这种寄生蜂能在玉米螟蛉和烟草夜蛾体内产卵,卵发育成幼虫,把玉米螟蛉和烟草夜蛾吃掉,然后钻入土中结茧,成为新的寄生蜂。

中国农业大学昆虫学系教授高希武领导的课题组进行过这样的实验:他们将两株棉苗放入一个密闭玻璃容器,只对其中的一株棉苗进行棉铃虫啃食和机械损伤处理。在对两株棉苗和容器内的空气进行分析后,他们发现奇异现象:不但受伤的棉苗发生了防御反应,另一株没有受伤的棉苗也同样产生了防御反应。通过对植物受伤后 24 小时、48 小时和 72 小时不同时间段的定量分析,他们发现,没有受伤的棉苗所产生的防御性化学物质浓度甚至高于受伤棉苗。类似的实验一共进行了三次,都验证了这一结果。这个现象表明受伤的棉苗在抵御侵略的同时,并没有忘记"通知"同伴——"敌人来了"!

意大利都灵大学的科学家们公布了他们有关这方面的新发现:当实

验用草感觉到害虫在吞噬其叶子时,便会立即发出一种类似熏衣草的气味。这种气味不但能向周围伙伴发出警告,而且还能够散发到空气中吸引黄蜂的到来,而黄蜂正是这种食草害虫的天敌。当其他试验用草接到报警后,也立即开始释放类似熏衣草的气味,并参与到集体吸引黄蜂以抵抗害虫的"抗战"行列中来。此外,他们在对生长在拉美一带的豆类、玉米、酸果蔓及其他一些植物的研究中,也发现了类似的现象。

植物也可以与邻居联络。在茂密的大森林里,某些植物突然感到虫咬刺痛,它会马上招呼旁边的伙伴提防虫子。许多植物在受到伤害时,释放出一种挥发性的茉莉酮酸。这是一种"体味"信号,甚至在附近的植物感到虫咬之前,这种信号就启动附近植物的防御系统。

槐树会产生有毒的苦味物质,一旦槐树的树叶被羚羊或长颈鹿吃光,这时,不仅仅是被吃的槐树会产生这种物质,周围所有的槐树也都像接到命令一样开始生产毒物。

还有,西红柿抵御甲壳虫和毛虫的方式好像与槐树相同,西红柿在遭到虫咬时,马上就会产生使害虫的胃受到损害和阻碍消化的物质。而且不仅仅是遭虫咬的西红柿作出这种反应,其周围田里的西红柿为安全起见,也已经作好对付害虫的准备,好像它们得到了信息似的。

另外,人们还发现,如果森林里一棵橡树病死或者被砍伐,其周围的橡树就会动员起来,它们会生产更多的种子和果实,以免别的树木要取而代之,它们是从哪儿知道需要这样做呢?

美国的研究人员已经借助于电极在被砍伐的树上测量出短暂而且特别高的振幅,并在被砍伐的树木周围也测量出相应的振幅。

所有这些都说明,植物之间存在着相互联系的"语言"。

目前,科学家们从不同的角度对这些"语言"进行了广泛的研究。有的专家认为,植物之间的邻居联络也许是类似光合作用的利他主义行为,或者是受到伤害的植物自身防御力量反应过度。魏泽教授认为,树木是通过声音来相互取得了解的,但由于这种声音频率很高,人耳听不见树木发出的声音。迄今,他已零碎地破译了一些树木的"语言"。

## 植物语言的探索

英国专家说,利用一种名叫"植物探测仪"的仪器,自己戴上耳机,把仪器上的一根线头与植物的叶子连接起来,就可以听到植物的"说话"声了。原来,植物在生长过程中,需要进行能量交换。它虽然进行得较慢,却能够表现出极其微弱的热量变化,叙说它受外界条件的影响及其生长情况。研究表明,各种植物在生长过程中,需要不断进行能量交换。这种交换当然是很缓慢的、不易察觉的,但交换过程中必然会有微弱的热量变化和声响,用特制的"录音机"把这样的"语言"录下来,就能知道植物在"说"什么了。倾听植物的"报告",可以知道植物是冷是热,是饱是饿;喜欢生活在什么样的温度、水分、养料下。

美国学者证实:植物在缺水时的确会发"牢骚",它会"叫喊"发出"我渴了!"的声音,是植物运送水分的维管束因缺水而绷断时发出的"超声波";苹果树、橡胶树、松树、柏树在渴时都会发出这类的"超声波"。然而这种声音相当低,比两人说悄悄话的声音还要低 1 万倍。

日本科学家利用特殊的仪器来监听植物的发声。他们发现中心被监听的植物所发出来的声音千奇百怪:有的如牛喘气,有的像人吹口哨。当遇到风吹雨打时,植物就会痛苦或兴奋地"叫喊"起来。

当然,植物发出的声音我们用耳朵是听不到的。

为此,美国研制了一种植物探测仪——植物语言翻译器。这种特殊的仪器能够把植物发生的"语言"翻译出来。它既简便,又实用,农民只要背上仪器,戴上耳机,把仪器的一根线头同植物叶子相接,就会发现这根铜线开始震动,这种震动传入仪器内,生物电子翻译器立即进行"翻译",人们在耳机内就可以清晰地听到植物"谈话"的声音。

原来,在正常的情况下,植物发出的声音,是有节奏的、轻微的音乐曲调;而当刮风变天时,发出的声音是低沉的、紊乱的,甚至恼人的。不同的"语言"仿佛植物在向你诉说:是冷是热,是饥是饱,最需要的是什么样的温度、水分和养料。

试想,了解了植物的"喊声"后,在植物缺少水分或养分的时候,适时浇水或施肥,植物不就可以获得高产了吗?

据说墨西哥有个菜农名叫何塞·卡尔门,由于懂得与蔬菜"谈话",他种下的卷心菜个个长成了大个子,每棵菜竟重达45千克呢!

美国纽约大学的4名硕士研究生最近发明了一种先进的"植物打电话"系统,这套系统可以探测并分析植物的湿度、温度、光照量、二氧化碳和氧气排放量,如果植物缺水,该系统会打电话或发出"电子邮件"通知主人。

接到电话或电子邮件的主人将会听到一段声音文件,植物们不仅可以通过电话或邮件"要求"喝水,如果浇的水不够,植物还可以"要求"浇更多的水;或告诉主人它们喝的水已经太多,不需要再浇水了。

香港有家电子仪器公司生产了一种高灵度传声器,能收听到植物的根所发出的声音,并把音频强弱、声音大小如实记录下来。植物学家发现,当植物缺少养料时,它的根能发出强弱不同的声音,人们根据不同的声音,可以有的放矢地施肥。

美国科学家将两个微型电极接到植物的叶片上,即可接收到植物发出的信号，然后用一种精密的仪器将信号转换成声音，再经过增幅和放大，便收听到或录制到植物的奇妙"声音"。经科学家测试发现，各种植物都有它独特的声音。比如，豆科植物有的发出的声音像口哨，有的却像是伤心的哭泣声。在所有的植物中，最美妙动听的声音来自番茄。

科学家还发现，外界的环境条件可影响植物发出的声音。当光照条件良好或雨露滋润时，植物便会发出清脆悦耳的声音；当遇到刮风天气或遇到干旱时，就会发出低沉的"叫声"。十分有趣的是，当植物在黑暗的环境中突然遇到光照时，会发出惊喜的"叫喊"声；平时"叫声"难听的植物，适当地浇水后，所发出的"声音"也变得好听起来。

更奇妙的是，前不久科学家还发现植物不仅能发出"响声"，而且还会"唱歌"。当植物"唱歌"时，若有人走近它们，它的"歌声"便立即停止；如果播放人的歌声或演奏乐曲，不同植物的反应也不同，有些植物"唱"得更欢，有些植物却停止了"歌唱"。美国沙乌斯·利土纳堡录音公司录制了植物的"乐曲"，并且公开发行了。

最近日本学者岩尾宪三设计出了一种奇妙的仪器，人们叫它"植物活性翻译机"，当连接上合成器和放大器后，便可直接听到植物发出的声音。人们利用这种"翻译机"，可以与植物"谈话"，倾听植物的诉说：是冷是热，是饥是饱，是否需要水分和养料……

植物"语言"的发现，引起了科学家们的浓厚兴趣，一些国家的植物生理研究所设立了专门的实验室，对各种气候和天气进行模拟试验，倾听、记录和研究植物的"语言"，以便了解植物生长过程中的变化和要求，进行合理的施肥和灌溉，从而获得粮食、水果、蔬菜的稳产高产。

可见，研究出植物发出的"语言"，对植物的高产和生理的研究有着重要的意义哩。

# "旅行"中的角逐

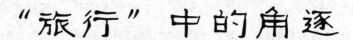

　　地球上有的动物公民,生活到一定程度后,有的就要换一个地方,经过长途跋涉,越过艰难险阻,费尽力气,甚至付出生命,才能到达目的地。这就是动物的迁徙。

　　迁徙的动物,既有空中飞行的动物,又有水中游泳的动物,还有陆地上的动物。动物的迁徙行动,显得波澜壮阔,说来让人感叹,无不表现出生命的奇迹来。

　　让植物来"旅行",它就会遍地开花,留下其"旅行"的足迹,为人类的生活带来富足,带来欢乐。

# 万里长空伴日飞

有些动物喜欢长距离的飞行,而且飞行的距离很远,说来十分神奇。

## 会飞的"花朵"

蝴蝶,因其漂亮的身姿,很得人们的青睐。蝴蝶大多数是产卵过冬的,蝴蝶迁徙的品种少,因为其成虫到入冬便会死去,只有在冬前把卵产好再死去,使幼虫能够得以生存。蝴蝶,虽然看起来弱不禁风,但在迁徙的表现上却具有钢筋铁骨,什么困难也难不倒它们。

这小小的蝴蝶是怎么样迁徙的,始终是人们感兴趣的问题。

世界上的蝴蝶一共有1万4千多种,而美洲产的"彩蝶王"是其中最有趣的一种。"彩蝶王"也就是美洲王蝶,学名"黑脉金斑蝶",俗称"帝王蝶",也叫大桦斑蝶。

这种橙褐色的大蝴蝶能够随着季节的变化而长途迁徙。每年的春

天,美洲的彩蝶王总是成群结队地从中美洲一直飞向加拿大;而到了秋天,彩蝶王又会从加拿大沿着原来的路又飞回墨西哥,旅程达 4500 千米,历时几个月,长距离迁徙比起其他动物来一点儿也不差。

彩蝶王的季节性迁飞,浩浩荡荡,很有组织地遵循着一定的飞行路线。在途中,雄蝶总是以护卫和导游的身份,在雌蝶周围组成一道屏障。它们黎明时分起飞,日行夜宿。在数千千米的长途迁徙中,它们平均每天要飞行 45 千米。在行进的途中,要飞越大海、高山和荒漠。有时还会遭到高空强风的袭击,把队伍驱散。千百只彩蝶王在碧空中,如流霞一般,景象非常壮丽。

彩蝶王身上有一种无形的武器——毒素,因此它们从来不畏惧鸟类的袭击。当彩蝶王将卵产在植物上的时候,卵孵化出幼虫,幼虫吃植物的叶子,就会把植物液汁中有毒物质吞进肚子里。这些毒物在体内不断富集,由幼虫传给蛹,蛹又传给蝶。如果鸟儿不慎咬住了这种彩蝶,毒素就会对鸟儿产生剧烈的刺激,阻碍它的血液循环,麻痹心脏,使它痉挛而死。难怪,鸟类见到它就会退避三舍。

彩蝶王的越冬地在墨西哥马德雷山脉高达 3000 米的谷地上。每年总有上百万只彩蝶王在这里繁殖生息。在这里,气温终年在零摄氏度以上,大量的彩蝶王聚集在松枝上,秘密麻麻,整个山谷是一个蝴蝶的世界。有时竟能够把 7 厘米粗的树枝压断,足见其数量之多,规模之大。

彩蝶王有时在整个冬季都不活动、不进食,可是一到春天,它们就又会在温暖的阳光下重新苏醒过来,振展翅膀,继续踏上北上的旅程。

彩蝶王这种不畏长途艰险、敢于飞越高山大洋、锲而不舍、追求光明美好的生活特性,正是人们为其讴歌的核心所在,人类也应该有这种精神。

为了更好地了解彩蝶王的迁徙内幕,墨西哥一名飞行员叫弗朗西斯科·维科·古铁雷斯,他和一批来自加拿大、美国的飞行员驾驶超轻型飞机,于2005年8月15日从加拿大魁北克出发,"陪伴"一群彩蝶王迁徙,沿途用摄像机记录下蝴蝶迁徙的壮观过程。这次长途跋涉从加拿大东部森林到墨西哥中部山区,行程4800千米,耗时72天,于11月3日,彩蝶王群安全抵达在墨西哥过冬的安全"港口"安甘格奥森林,古铁雷斯驾驶的小飞机也在附近着陆。

为了能够顺利追踪拍摄彩蝶王的迁徙过程,古铁雷斯的飞行小组事先对一架轻型飞机进行了改装。这架飞机重190千克,拥有5米长的翼展。为了让蝴蝶对飞机不感到陌生,人们把机翼绘成彩蝶王翅膀的样子,有橙色、黑色和白色。由于那引人注目的外表,这架飞机就被定名为"小蝴蝶"。在整个飞行过程中,"小蝴蝶"每天与蝴蝶群飞行相同距离,不过速度比蝴蝶飞行快5倍。

古铁雷斯说,飞行过程中,他发现蝴蝶通常单独飞行,只有停在地面休息时,才会聚集到一起。美洲王蝶通常只有1个月寿命,但在迁徙过程中则能活8个月。这批拥有8个月生命的蝴蝶,完成了向墨西哥的迁徙任务后,在向它们的夏季"基地"迁徙时生命耗尽。随后的时间,会繁殖出三四代"短命"蝴蝶,而最后一代只能凭着它们的本能向着从未到过的加拿大飞行。

这是人类历史上第一次对蝴蝶的迁徙过程进行全程飞行跟踪。

迁飞的蝴蝶成群成片,其数量之多令人惊讶。

据记载,1914年一艘德国海船正在波斯湾航行,撞上数以万计的正在迁徙的白蝶。铺天盖地的蝴蝶,涌向船只的每个角落。船员被蝴蝶缠得连眼睛也睁不开,蝴蝶让全船陷入一片混乱之中,结果因偏离航线造成触礁沉船的事故。显然,这是蝴蝶惹的祸。

澳大利亚有种黑褐色的蝴蝶,俗称"皇帝",每年要从澳大利亚乘着西风,飞越宽约 2000 多千米的塔斯曼海。

非洲有一种粉蝶,每年春天,向北方飞去,飞越地中海和阿尔卑斯山,到达冰岛,甚至北极圈……

蝴蝶的迁徙具有一定的方向,仿佛空中有一条无形的航线,让蝴蝶沿着飞翔,很少出现偏差。

有趣的是,蝴蝶有时候定期聚集于某一个地方,进行蝴蝶"集会"。

云南省大理城西三月街的蝴蝶泉,每年暮春三月,各种蝶类长途跋涉,相聚于蝴蝶泉,万紫千红、五光十色的蝴蝶,或凌空飞舞,或贴泉盘旋,或缀满树条,其场面蔚为壮观,无不让人感叹生命的力量。

蝴蝶为什么要"聚会"? 看到这生命景观的人,无不为这感人的情景所感染,从心里发出这样的疑问。

科学家认为可能有如下几点:一些蝴蝶由季节性迁徙的习性而引起;蝴蝶在繁殖期间,雌蝶分泌出一种性激素,这种挥发性激素引诱雄蝶赶来"赴会";有些树木(如樟树、桉树)的花果能散发出奇异的香味,招引蝶类,难怪有人认为蝴蝶泉的"蝶会"与此有关。

接着,人们可能还要问:蝴蝶为什么要迁徙呢?

有的科学家认为,蝴蝶迁徙与生殖和气候条件有关。例如,美洲的"彩蝶王"每年秋末从加拿大迁飞到墨西哥马德雷山脉的陡峭山谷中去繁殖后代;欧洲的峡蝶,每年秋季都要迁飞到非洲,以避开严冬的威胁。也有的科学家认为,蝶类的迁飞是因气温、气压、光照、风雪、水温、食物等环境条件的变化,以及生理上激素的刺激,而相互作用的结果。

还有的科学家认为,迁飞昆虫之所以能准确无误地到达目的地,是由于它们的机体内含有四氧化三铁,因而具有感觉地球磁极的高超本领。

## 可怕的蝗虫迁飞

飞蝗是"举世闻名"的"马拉松"健将:它们可以一口气由非洲西部飞到英伦三岛,轻而易举地飞过八九百千米,最远可以达 3600 多千米。

蝗虫是世界性的害虫,世界绝大多数国家都发生过不同程度的蝗灾,尤以亚洲和非洲一些发展中国家蝗灾发生最为频繁,危害也最重,而澳大利亚、欧洲和拉丁美洲国家蝗灾相对少些,危害较轻。

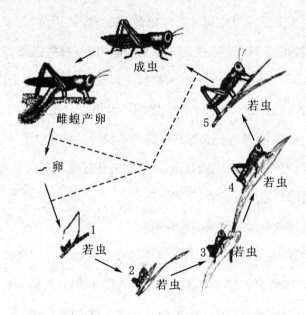

全世界所记载的蝗虫有万种以上。其中中国有 900 多种,蝗虫的一生要经过卵、若虫和成虫三个时期。卵生活在土壤中,不能自由活动。若虫分 5 个龄期,也就是说要蜕 5 次皮,蜕皮前后一般不取食或取食很少;成虫具有能飞翔的翅膀和成熟的生殖器,并能交配产卵,繁育后代。蝗虫从卵出生到成蝗交配繁殖大约 30 天左右。一头成熟雌性飞蝗一生平均能产卵 200 粒以上,最多能达 1000 粒左右,因此,蝗虫繁殖能力非常惊人。蝗虫的寿命一般为 2~3 个月左右,因此,在温带地区,飞蝗一般一年 2 代,在热带地区如澳大利亚、我国的海南岛等地一年能繁殖 4 代,暖温带地区也有繁衍 3 代的情况。蝗虫取食量很大,一生大约需取食植物 100 克左右,其中成虫的取食量占总量的一半以上,因此,发生地的食物被吃完后,成虫会群集迁飞,到新的地方觅食,从而造成蝗灾。成虫的飞行能力很强,平均每小时能飞行 4000 米左右,能连续飞行几十个小时。

1958 年,索马里一大群沙漠蝗其蝗群扩散达 1000 平方千米,大约有 4 亿只,这些蝗虫一天就吃掉 8 万吨粮食,相当于 40 万人口一年的口粮。据联合国粮农组织统计,20 世纪中后期,每年因沙漠蝗造成的直接经济损失就达 350 万到 1000 万美元,间接损失是直接损失的 20 倍以上。

2004 年 11 月,西奈半岛的阿卡巴湾爆发蝗虫大迁徙,为农作物带来难以估计的损害,大批蝗虫长途跋涉越过长长的撒哈拉沙漠,经由西奈沙漠到达埃及,成群的蝗虫飞抵海湾后,竟然避开宽仅 3~5 千米的海面,转而向北沿着海岸陆地飞行。

这是一场令人多么恐惧的灾难啊!

在自然界中,散居型蝗虫的分布范围是很广泛的。如果碰巧有大堆的蝗虫卵,产在可以保证来年春天有充足的食物的地方,那么那些孵化之后的小蝗虫,就有可能形成一个大的迁徙群。对这些蝗虫而言,最可靠的食物来源,就是那些沿着河谷的芦苇地,许多迁徙性蝗虫,就是从这种地方"爆发"出来的。但是在干旱的山丘里,有时候因为大雨,也会生长出有利于蝗虫食用的植物来,因此在这种地方也可能导致蝗虫的"大爆发",非洲北部的沙漠蝗虫就是这样产生的。

由于蝗灾是一种跨地区、跨国界的迁移性生物灾害,涉及面广,依靠小范围的防治行动难以控制，只有采取强有力的组织措施和大范围的统一行动，才能取得良好效果，这就要求政府宏观调控，协调行动。

目前，生物防治技术的研究和推广不断加强，如蝗虫微孢子虫生物制剂已经实现了商品化生产。蝗虫微孢子虫是寄生于蝗虫体内的一种原生动物，对天敌无害，对环境无污染，同时具有持续控制作用，即一次施用，多年不需防治。

此外，有些地方还采用牧鸡治蝗、牧鸭治蝗的方法，颇具特色。利用蝗虫的化学信息素如东亚飞蝗的聚集信息素、产卵信息素等来调控东亚飞蝗的聚集行为的研究，也取得了显著成果，为提高蝗虫测报和防治水平打下了基础。

# 寻根之游苦相随

　　某些鱼类等水生动物在一生活动中,由于环境影响或生理习性,在一定的时期从原栖息地集群游到另一个水域中去生活,经过一段时间,或经过一定的发育阶段,又沿原路线游回到原栖息地生活,这种集群的定期、定向有规律性的移动,称为洄游。

## 鱼类洄游大观

　　雌性大白鲨用了 9 个月时间从南非游向澳大利亚,又从澳大利亚游回来的时候,科学家对大白鲨的这一壮举竟然难以置信。整个行程达到19000 千米。这项惊人发现来自于一个长期的电子标签追踪项目,用以深入研究大白鲨的生命历史,包括它们的迁徙路线。鲨鱼横跨海洋的长途跋涉可能十分常见,一项研究显示,相隔很远的鲨鱼族群要比科学家以前想象的存在更多的关联。

　　洄游所经过的途径,称为"洄游路线"。依据大部分鱼类洄游到达目的地所表现的生活行为,一般可分为生殖洄游、索饵洄游和季节洄游。

　　如某些鱼类在性腺成熟发育过程中,每年在一定时期内集群,并按一定路线游向沿岸、河口、深海或上溯至河流等适宜的地方进行产卵,这称为生殖洄游。

　　鱼类在春季水温渐高时,体内生殖腺在激素的刺激下,走向成熟,要排出卵子或精子以繁殖下一代。这时,它们就从外海过冬的潜伏地区出发,集结大群向沿岸产卵场所洄游,旅程往往 1000 千米以上。

生殖洄游有的是在海水中进行,如带鱼、大黄鱼、小黄鱼;有的是在淡水中进行,如青鱼、草鱼、鲢、鳙;有的由海洋上溯至江河,如鲥、大马哈鱼;有的则由江河下降至海洋,如鳗鲡等。

在自然界,大马哈鱼能洄游数千米回到出生地去产卵。特别是大马哈鱼,在河里孵化后大马哈鱼会游历好几百千米到大海中去生活,四年之后,它们又回到出生地产卵。科学家们一直都非常疑惑,它们是怎样在茫茫无际的大海之中找到回家的正确路线? 这实在是让人匪夷所思。

苏轼在《读孟郊诗·二首》中写道:"有如黄河鱼,出膏以自煮"。用来诠释"谁言寸草心,报得三春晖"。黄河鱼,指黄河中的鳜鱼(或鲑鱼)。它是洄游到黄河上游产卵的鱼类。洄游鱼类产卵之后,会在原产卵地很快自然死去,这是洄游鱼类的自然本能。河流上游的水质比较贫乏,洄游鱼类在原产卵地很快死去,尸体会使得水质富含营养,经过一系列微生物的作用,小鱼在孵化时就有了食物,足以能保证小鱼再洄游回大海。

"有如黄河鱼,出膏以自煮"表示的意义是:"由于动物母爱的自然天性,动物会为孕育下一代而竭尽全力,乃至不惜付出生命"。可谓,"落叶不是无情物,化作春泥更护花"了。黄河鱼产卵与百草开花结籽和人类生儿育女的道理都是一样的,植物、动物的自然天性和人类母爱的自然天性都是一样的,都会竭尽全力的抚育下一代,都会不惜以生命相许。母爱的伟大或许就在这里。

科学家新近的研究表明,大马哈鱼能利用地球的磁场来感知并记住它们的出生地。这就是非常神秘的"动物磁性"理论。

科学家介绍,地球上的磁场有着显著差异,同时,各个地区都有截然不同的磁特性或磁波。

研究"动物磁性"理论的研究小组的海洋生物学家称,一旦海龟和大马哈鱼成年,它们会利用磁场和脑海中关于出生地的磁记忆来为它们导航,从而回到它们自己的家乡。这个过程被称为重归故乡。在这一点上,很同人的落叶归根的道理如出一辙。

还有人认为,大马哈鱼在洄游中则是通过嗅觉器官找到它的出生支流的。

美国北卡罗来纳州大学的生物学教授肯尼斯—洛曼认为:"动物能认知出生地的磁异常特征并保留该信息,这就是我们所说的重归故乡。"

生殖洄游路线最广泛的要数带鱼,在我国沿海的近陆浅滩,它们都能产卵,只是时间不同,北早南迟。它们的洄游方向自南至北,产卵地点以渤海湾、舟山群岛等附近较多。这也是因为那里的浮游性生物稠密的缘故。生殖洄游实际也称产卵洄游。

欧洲鳗鲡和美洲鳗鲡降海后不摄食,分别洄游到数千千米海域后产卵,产卵后亲鱼全部死亡。其幼鱼回到各自大陆淡水水域的时间不同,欧洲鳗鲡需 3 年,美洲鳗鲡只需 1 年。中国的鳗鲡、松江鲈等的洄游也属于这一类型。

有些鱼类在育肥阶段常成群游向饵料丰富的地方摄取食物,这种寻找食物的洄游,被称为索饵洄游。如小黄鱼在渤海湾产卵后,在返回深海越冬场所前,要在产卵场所附近和返回越冬场所的途中,寻找食物多的地方觅食。绝大多数鱼类的索饵洄游,都在海岸附近的浅海区域,尤其是河口。因为那里流入的各种营养物质特别多,充满氧和从有机物质分解出来的氮。有日光透射,水温上升的帮助,可以使矽藻类和其他各种浮游生物很快的繁殖起来。

有些鱼类随着不同季节水温的变化,常成群向适合它们生活的地方游去,这种随季节的变化而进行的洄游,被称为季节洄游,也叫越冬洄游。

影响鱼类活动最大的要数水温。一般鱼类可分热带性、温带性、寒带性三种类型。热带性鱼类,如鲣、鲔、红鱼、旗鱼、九棍鱼等,都是暖水性鱼,需在南方暖海里活动。寒带性鱼类,如鲑、鳟、鳕等,都是冷水性鱼,要在北方寒海里游泳。其他鱼类多数是温带性的。例如,我国沿海大部分地区由于季风影响,冬夏气温差别大。水温随季节转移而变化,鱼类也随水温高低,各自选择适宜的环境迁移,因此发生"季节洄游"。

各种鱼类对于水温的要求大致:鳕是 5℃,鲑、鳟是 7℃,鲭、黄花鱼是 10℃,鲣是 21℃。鳗鲡适宜生活在 15℃ 以上的暖流中,但它只在太平洋西岸洄游,尤以我国东海最多。

如鳕鱼在春夏季向北方游动,深秋又向南方游动。鱼类在越冬洄游中主要在寻找适宜的水温,所以洄游的路线,时期和速度等都受水文条件的影响而发生变化。如黄海、渤海白姑鱼,从九月份开始从鸭绿江口向黄海南部越冬。

### 鱼类洄游探源

洄游是鱼类长期适应外界环境改变而逐渐形成的一种习性,引起鱼类洄游的原因是多方面的,包括外界环境因素、内部生理要求以及历史遗传因素等。

首先,外界环境因素。包括水温、水流和盐度三种因素。温度对越冬洄游起着决定性因素,水温下降的迟早,直接影响鱼类从肥育场地向越冬场地迁移的时间和速度。水温也影响的摄食、生长和性成熟的情况。鱼类的侧线器官能感受到水流的刺激,当身体两侧的侧线感受到水流压力不等时,能迅速辨别出水流的方向,表现为逆流运动和顺流运动。水域内的变化,直接影响到鱼体内渗透压的变化。水中的理化因子也在不同程度上对鱼类洄游影响。

其次,内部生理因素。外界环境因素是形成洄游的条件,内部生理因素是基础。生殖的基础是亲鱼生殖腺达到一定成熟度和性激素表现出一定活动性,引起它们对外界生态环境有一定要求,迫使它们寻找适宜的产卵场。越冬洄游的基础与身体达到一定肥满度以及含脂量相关,外界水温的降低,则导致越冬洄游的开始。

再次,历史遗传因素。鱼类的洄游是有遗传性的,这种遗传性是长期的历史过程中,通过自然选择而形成的,以保证种的延续。因此,在研究鱼类洄游时也要注意历史因素,如冰川期对鱼类洄游有重大影响。某些鱼类(如鳕鱼)由于冰川而被挤向南方,以后冰川逐渐退去,大西洋暖流向北移动,鳕鱼就向北洄游,而产卵场仍在南方。欧洲鳗鲡洄游到遥远的西大西洋去产卵的原因迄今尚未完全清楚,可能是由于在鳗鲡出现时的中新世,欧洲鳗鲡生活的水域离出生地较近,后随西欧大陆的东移,二者的距离被拉开,洄游的路程也就被拉长了。

总之,鱼类的洄游有很多学问,有许多问题还没有搞清,这需要你将来来揭开这个秘密。

有些无脊椎动物,它们的迁徙很有规律,但周期很短。说来其迁徙规律也是各有规律,演绎着自己生命的轨迹。

例如,浮游生物晚间到达水面觅食,而白天则潜到较深较凉的水下,有时可达 1200 米。在深水下它们可以储存能量,因为低温时,它们体内的代谢速度会降低,在白天也可以躲避觅食的鱼类的追捕,同时在不同水流间移动,它们可以找到新的食物来源。

体小的甲壳纲动物,如沙参,生活在高潮线以上的潮湿沙子中,以离海岸线较远的腐烂的海藻为生。在潮湿的夜晚,它们会深入陆地很远处,远则可达几米处觅食,在天亮前回到沙滩的栖息处。

对虾属节肢动物甲壳类,是我国黄海、渤海中重要的渔业资源之一。因为个儿大,过去常成对出售而得名。对虾每年都要长距离迁徙游到黄海南部海底水温较高的水域去躲避严寒。这种有规律性的迁游,是对虾的洄游。对虾大约是在每年的三月,从黄海南部的深海地区出发,向渤海和朝鲜湾一带集群。大的从四月到六月底的一段时间,它们就在渤海和朝鲜湾各沿海的河口附近进行产卵。这次洄游,便是对虾的生殖洄游。生殖完了,就在沿海各海区分散觅食。等到秋末冬初,天气渐冷,水温下降,食物逐渐减少,虾就开始向海水深处集结。然后聚成大群,通过渤海海峡,重回到山东半岛南部的外海水深处进行越冬。所以在每年的十月到十一月间的洄游,便是对虾的越冬洄游。

这些小动物,身体虽然弱小,但长距离的迁徙,确实壮观,弱小的生命可以创造奇迹,这奇迹足以让人振聋发聩。

# 漫步踏上远征路

青蛙、蟾蜍、乌龟身体都不大，也不是很强壮，但他们都是"远征"的能手。

## 两栖动物的迁徙

青蛙头上有两只圆而突出的眼睛，一张又宽又大的嘴、舌头很长。身体的背上是绿色带有深色条纹，腹部是白色。身体下面有四条腿，前腿短，后腿长，脚趾间有蹼。青蛙是两栖动物，能在地上跳，也能在水里游，会发出"呱呱"的声音，雄的叫声响亮。

青蛙是捉害虫能手，青蛙捉害虫全靠他又长又宽的舌头，舌根长在口腔的前面，舌尖向后，还分叉，上有许多黏液，只要小飞虫从身边飞过，就猛地往上一跳，张开大嘴，快速地伸出长长的舌头，一下子把害虫吃掉。青蛙是保护农田的卫士，我们都要爱护它。

蟾蜍是无尾目、蟾蜍科动物的总称。最常见的蟾蜍是大蟾蜍，俗称癞蛤蟆。皮肤粗糙，背面长满了大大小小的疙瘩，这是皮脂腺。其中最大的一对是位于头侧鼓膜上方的耳后腺。这些腺体分泌的白色毒液，是制作蟾酥的原料。蟾蜍在全国各地均有分布。从春末至秋末，白天多潜伏在草丛和农作物间，或在住宅四周及旱地的石块下、土洞中，黄昏时常在路旁、草地上爬行觅食。行动缓慢笨拙，不善于跳跃、游泳只能作匍匐爬行。

大蟾蜍冬季多潜伏在水底淤泥里或烂草里,也有在陆上泥土里越冬的。

乌龟是现存最古老的爬行动物,特征为身上长有非常坚固的甲壳,受袭击时龟可以把头、尾及四肢缩回龟壳内。大多数龟均为肉食性,以蠕虫、螺类、虾及小鱼等为食,也食植物的茎叶。中国各地几乎均有乌龟分布,但以长江中下游各省的产量较高,广西各地也都有出产,尤以桂东南、桂南等地数量较多。国外主要分布于日本和朝鲜。

青蛙和蟾蜍是两栖动物,不能长期离开水,但它有远行的能耐和本领,可以进行远征——迁徙。

2005年6月26日,凌晨2时许,在昌平十三陵水库旁的一条马路上,上万只大大小小的青蛙在夜色中匆匆迁徙。

出现青蛙的马路有五六米宽,300多米长的路面上都被这些青蛙占满了,在队伍里有的小青蛙才只有一二厘米长,也有不少像成人手掌大小的大青蛙。大青蛙分布在队伍的前边和中间,似乎是在带路。这些青蛙粗略估计也有上万只,在路边还有不少被过路汽车碾死的青蛙尸体,场面很是悲壮,生命的力量确实感人。

原来,青蛙原本就是一种有着定期迁徙习性的动物,相关统计显示,有时青蛙的迁徙队伍拉起来会长达两千米。

据分析,极有可能是因为水库内青蛙过于密集,蛙群集体迁徙希望寻找更适合生存的水域。另外当时天气比较炎热,也会造成青蛙的集体迁徙。

一夜大雨过后,2008年7月上午8点多,大量深褐色、拇指大小的青蛙开始在绵竹干河子畔的凯特包装公司门口聚集,分布在草丛中、墙角边、下水道井口等阴凉潮湿的地方。据说,高峰时有上万只青蛙在此"大聚会"。这些小青蛙从蝌蚪甩掉尾巴大约有1个半月的时间,可能是因为头晚大雨当日上午又是烈日,它们在旁边干河的水中闷热缺氧,因此进行正常的迁移,寻找新的生长环境。

近年来,我国各地有不少地方出现青蛙迁徙的现象。

2010年4月23日,深圳上万只青蛙集体迁徙市民称场面壮观。

2010年5月6日,湖北随州万只青蛙马路"聚会"。一位野生动物专家称,土青蛙幼年时大批量出现,是正常现象。这些土青蛙准备离开水塘,就会成群结队地去树林里生活。这个情况与自然灾害没有联系,如果是数万只成年的蟾蜍集体出现,那这个现象就不正常了。

2011年6月29日上午,山西临汾市汾河公园上万只青蛙涌上路面,朝同一方向迈进,场面堪称壮观。在锣鼓桥下汾河岸边公园的路上、草丛里,数以万计的青蛙向前蹦着,还有不少已经爬到马路上。因为马路上有车辆来往,不少青蛙不幸被过往车辆碾死。青蛙看上去并不大,但数量却特别多,密密麻麻数也数不清楚。市民们感到十分惊奇:从来没见过这么多小青蛙,为什么会有这么多的小青蛙呢?

有关专家解释说,每年的五六月份是青蛙的繁殖季节,加上近期下雨较多,许多青蛙就从河滩蹦到了路上,这属于自然现象。

## 龟类的洄游

龟是爬行动物,运动起来缓慢。提起龟让我们想起它和兔子赛跑的故事,龟最终以坚忍不拔的精神取得冠军。实际上,龟虽然运动缓慢,但它是远距离洄游的能手。

世界上现存的海龟有2科,即海龟科和棱皮龟科,属海龟科的有绿海龟、玳瑁、平背绿海龟、大西洋丽龟、太平洋丽龟等6个种;属棱皮龟科的只有1个种,即棱皮龟。海龟为海洋洄游性动物,广泛分布于全球各大洋热带和亚热带海域。在中国沿海分布的海龟有2科,5属,5种:绿海龟、玳瑁、螺龟、太平洋丽龟和棱皮龟5种。棱皮龟是海龟类中最大的一种,体长可达2米多,体重一般为300千克,最大的可达到800多千克。

海龟在我国的南海、东海、黄海和渤海均有分布,但主要集中在南海,产卵场地只分布在南海沿岸和岛屿,南海拥有我国90％以上的海龟资源。在种类上,又主要以绿海龟为主,占85％以上,其他种类已极为稀少。在我国海域分布的海龟种群,其洄游路线和栖息规律目前还未做过深入调查和研究。1974年7月在海南省八所海域曾捕获一头体重350千克的棱皮龟,龟体上有英国海洋生物研究所的放流标志牌,可见海龟的洄游距离是多么遥远。

海龟是存在了1亿年的史前爬行动物。海龟有鳞质的外壳,尽管可以在水下待上几个小时,但还是要浮上海面调节体温和呼吸。

大多数的海龟生活在比较浅的沿海水域、海湾、潟湖、珊瑚礁和流入大海的河口?

不同种类和同一种类内部不同群体的海龟有着各自的迁徙习性。一些海龟游到几千米远的地方筑巢并喂养幼龟。而棱皮龟迁徙得最远,它们要到 5000 千米远的海滩筑巢。

生活在南美洲西沿海的绿海龟,成群结队穿越万顷波涛的大西洋,历经两个月,游过 2000 多千米,来到优美、静谧的阿森松小岛上。原来,它们是来此"旅行结婚"的。在这孤零零的小岛上,它们各自寻找对象进行交配、产卵、繁衍下一代。随后,它们又成群结队地返回巴西沿海。

科学家们已经开始使用传感器来跟踪棱皮海龟的艰辛旅程,以海洋状态数据展现其迁移路线。这些数据包括利用人造卫星收集的实时洋流动态图。他们努力揭示蜿蜒曲折的海龟迁移路线和当地海洋条件的关系,以便制定政策减少深海捕鱼给棱皮海龟带来的无意的致命威胁。它们短暂地爬上岸,再从法属圭亚那爬到临近的苏里南海岸产卵,这里是它们在大西洋残存的主要产卵地。大约 9 周以后孵化出来的小海龟大规模地集合起来冲向大海。有一天它们成熟了,会再返回海滩产卵。海龟的迁徙、产卵、繁殖就是这样神奇。

研究人员曾给一头雌性棱皮海龟安装了一个卫星跟踪标签,接着放归大海,令他们大吃一惊的是,这家伙竟然在 647 天从太平洋的印度尼西亚游到美国俄勒冈州,接着游回夏威夷,全程 12744 英里(约 2 万千米)。

迁徙中的海龟如何找到回归路线的呢? 这也是人们很想明白的问题。

美国科学家在研究多年后发现,地球磁场是海龟回家时的指南针和地图。

科学家们早就发现,海龟能通过地球磁场和太阳及其他星体的位置来辨别方向。但对于迁徙中的海龟来说,仅有"方向感"是不够的,它们可能还有一张"地图",用于明确自己的地理位置,最终到达某个特定的目的地。

美国北卡罗来纳大学教堂山分校的肯·洛曼研究小组发现,绿海龟对不同地理位置间的地磁场强度、方向的差别十分"敏感",它们能通过地磁场为自己绘制一张地图。研究人员在佛罗里达州墨尔本海滩附近捉了24只小绿海龟,迅速将它们转移到临时实验室后院的一个大水盆中。小海龟可以在水盆中向各个方向游动,绕在水盆外的一个大线圈导致水盆中产生一个新磁场。

通过轻微改变磁场,研究人员让小海龟误认为自己在"家乡"以北或以南340千米的地方,海龟于是开始在水盆中踏上向南或向北的"回家路"。这一结果表明,绿海龟知道自己在磁场中所处的位置,并能根据这一信息来"修改"自己的路线。

此外,研究小组还在刺龙虾中发现了类似的现象。他们推测,地磁场可能在很多动物中都充当着"导航图"的角色。

2008年11月,一只名叫"阿娜"的雌性绿海龟标记后,从印度尼西亚到澳大利亚水域进行不寻常的旅程,科学家想借此揭示了一条"海洋高速公路",以此帮助科学家了解绿海龟如何进行全球之旅的。

科学家还认为,海龟除凭借地球重力场导航的本领外,还借助海流与海水化学成分导航。海龟一天的特定活动时间,是由体内的生物钟确定与控制的。

中国人特别喜欢龟,理由是龟极长寿,能见证人间数百年兴衰,自古被视为长寿、吉祥的象征。

有一个养龟的故事。一只龟被主人特别放到房子一个角落,当主人再来到那个角落给它送食的时候,却找不着它了。原来龟对主人的精心安排不满意,便在房子里四周爬行,最后在其自己选择的位置呆着不动。

出于喂养的方便，主人又把它挪回最初安排的角落。可是，第二天，主人发现龟还是不"领情"，又爬回它选择的地方。如此反复几次，主人悟出个道理来：乌龟真是"灵物"，对地气场很敏感，难怪有人说它能趋吉避凶。

龟的背部拥有龟纹，龟纹中央有三格，代表天地人三才，旁边有廿四格，代表廿四山，也有十格代表十天干。龟纹的底部又有十二格，代表十二地支。奇妙的是一个龟壳的布局，竟包含所有代表宇宙玄机的密码，因此龟被喻为四灵之一。古代称龟为"玄武"，与"青龙""白虎"和"朱雀"合称"四灵文化"。

人们给龟戴上了这样的高帽，难怪人们就不会随意杀龟了，这对龟来说无疑是一种福音。

# 冬去春来有定期

鸟类善于飞行,给世界带来了勃勃生机,创造了许多令人感叹的生命奇迹。

## "空中旅行家"

秋天,大雁从高空飞过,是大雁开始心动征途,进行长距离的迁徙。这是体力和智力的较量。

随着空中的"嘎嘎"声,我们抬头会发现,一群大雁从头顶飞过,有时候,大雁会变换姿势,一会儿变成"人"字形,一会儿变成"一"字形。

这使好奇地人们感到奇怪,大雁为什么会排成"人"或"一"字形?

在旅途中,雁群的行动是很有规律的,多半由经验的老雁做领导,在前面带队,其余的在后排成"一"字或"人"字队形飞行。它们边飞边叫,常常不停地发出"伊呵,伊呵"的叫声。

那么，大雁为什么要排成"一"字或"人"字的队形飞行呢，这里还有什么学问吗？

原来，大雁飞行的路程很长，它们除了靠动翅膀飞行之外，也常利用上升气流在天空中滑翔，使翅膀得到间断地休息空隙，以节省自己的体力。当雁群飞行时，前面雁的翅膀在空中划过，翅膀尖上会产生一股微弱的上升气流，后边的雁为了利用这股气流，就紧跟在前雁翅膀尖的后面飞，这样一个跟着一个，就排成了整齐队伍。

大雁越多，雁飞起来就越省力气。同时，排队飞行，还可以防御敌害，相互照应，避免掉队。由于领头雁无"尾涡"利用，最为辛苦，所以雁群队形经常变换，其作用正是为了轮换头雁，使它别太累了。

最让人感动的是，大雁有着传统的美德，即使在长途飞行中，对幼雁也倍加爱护。大雁在飞行时始终保持"一"字或"人"字队形，而且是老雁打头，幼雁居中，最后是老雁压阵。头雁在前面紧拍几下翅膀，气流就上升了。幼雁，就靠着这股气流滑翔，飞起来很省力。

大雁是出色的空中旅行家。每当秋冬季节，它们就从老家西伯利亚一带，成群结队、浩浩荡荡地飞到我国的南方过冬。第二年春天，它们经过长途旅行，回到西伯利亚产蛋繁殖。大雁的飞行速度很快，每小时能飞68～90千米，几千千米的漫长旅途得飞上一两个月，可谓十分辛劳。

在长途旅行中，雁群的队伍组织得十分严密，它们常常排成人字形或一字形，它们一边飞着，还不断发出"嘎、嘎"的叫声。大雁的这种叫声起到互相照顾、呼唤、起飞和停歇等的信号作用。

## "游牧民族"

春天明媚灿烂，燕子娇小可爱，加之文人多愁善感，春天逝去，诗人自会伤感无限，故欧阳修写有"笙歌散尽游人去，始觉春空。垂下帘栊，双燕归来细雨中。"的诗句。

燕子属于候鸟,随季节变化而迁徙,喜欢成双成对,出入在人家屋内或屋檐下。因此为古人所青睐,经常出现在古诗词中,或惜春伤秋,或渲染离愁,或寄托相思,或感伤时事,意象之盛,表情丰富,非其他物类所能及。

早在几千年前,人们就知道燕子秋去春回的飞迁规律。对燕子的飞迁习性,古代的诗人曾这样描述:"昔日王谢堂前燕,飞入寻常百姓家","无可奈何花落去,似曾相识燕归来。"燕子在冬天来临之前的秋季,它们总要进行每年一度的长途旅行——成群结队地由北方飞向遥远的南方,去那里享受温暖的阳光和湿润的天气,而将严冬的冰霜和凛冽的寒风留给了从不南飞过冬的山雀、松鸡和雷鸟。表面上看,是北国冬天的寒冷使得燕子离乡背井去南方过冬,等到春暖花开的时节再由南方返回本乡本土生儿育女、安居乐业。

果真如此吗?其实不然。

原来,燕子是以昆虫为食的,而且它们从来就习惯于在空中捕食飞虫,而不善于在树缝和地隙中搜寻昆虫食物,也不能像松鸡和雷鸟那样杂食浆果,种子和在冬季改吃树叶。可是,在北方的冬季是没有飞虫可供燕子捕食的,燕子又不能像啄木鸟和旋木雀那样去发掘潜伏下来的昆虫的幼虫、虫蛹和虫卵。食物的匮乏使燕子不得不每年都要来一次秋去春来的南北大迁徙,以得到更为广阔的生存空间。燕子也就成了鸟类家族中的"游牧民族"了。

家燕有一个"怪癖"：它们总是在夜深人静、明月当空的夜晚迁飞，而且飞得很快，有时只能看见它们的影子一闪而过，根本看不清楚它们的模样。家燕还有着惊人的记忆力，无论迁飞多远，哪怕隔着千山万水，它们也能够靠着自己惊人的记忆力返回故乡。

燕子利用晚上飞行，对它们的生存十分有利，这可以避免敌害的攻击，来保护自己。这也是自我保护的一种很好的方法，因为燕子身体弱小，没有抵御敌害的真"家伙"，惹不起它们，躲得起它们。

家燕返回家乡后的头一件"大事"，便是雌鸟和雄鸟共同建造自己的美好家园。有时补补旧巢，有时建一个新的巢穴。家燕们辛勤地、不断地用嘴衔来泥土、草茎、羽毛等，再混上自己的唾液。没多久，一个崭新的碗形的窝便出现在你家的屋檐下了。

家燕体态轻盈，一对翅膀又窄又长，飞行时好像两把锋利的镰刀，家燕飞行时似一根刚离弦的箭，"嗖"地一声发射出去，它是个捕虫能手，几个月就能吃掉 25 万只昆虫，所以我们千万不能伤害它！

自古以来，人们乐于让燕子在自己的房屋中筑巢，生儿育女，并引以为吉祥、有福的事。尽管燕子垒窝下面的地上常被弄得很脏，人们也不在意。燕子是季节性很强的候鸟，人们称它"报春归来的春燕""翩然归来的报春燕"等。只要见到燕子，似乎就是提醒人们：春天来了！古人曾有："莺啼燕语报新年"的佳句。人们总是把燕子跟春天联系起来。说明燕子是一种物候鸟，人们把燕子同物候联系起来。

## 鸟类为何要迁徙

有人或许要问：鸟类为什么要劳心劳力进行迁徙呢？

鸟类迁徙所涉及的一系列活动，是受神经及内分泌系统控制的。随着日照的延长,通过松果腺的作用,由脑下垂体分泌两种激素,即皮质酮和催乳素。这两种激素的综合作用,使鸟类完成了一系列的生理准备,包括生殖腺发育、脂肪积累以及定向能力的增强等。

鸟类的迁徙往往是结成一定的队形,沿着一定的路线进行。鸟类迁徙高度一般低于1000米,小型鸣禽的迁徙高度不超过300米,大型鸟可达3000~6300米,个别种类可以飞越9000米,如大天鹅和高山兀鹫是飞得最高的鸟类,都能飞越世界屋脊——珠穆朗玛峰,飞行高度达9000米以上,否则就可能会撞在陡峭的冰崖上丧生。鸟类夜间迁徙的高度往往低于白天。候鸟迁徙的高度也与天气有关。天晴时,鸟飞行较高;在有云雾或强劲的逆风时,则低空飞行。

最长的旅程可要数北极燕鸥。有人做标记观察,一只戴有脚圈环志的北极海鸥,从前苏联的摩尔曼斯克出发,最终飞到澳大利亚的弗里曼特尔南部,全程为22520千米。飞行的速度是每小时80到90千米,飞行的高度在1500米。大多数的鸟类,迁行时飞行速度从40~50千米/小时,连续飞行的时间可达40~70小时。

许多鸟类在迁徙前必须储备足够的能量,这是对长距离飞行的适应。能量的储备方式主要是沉积脂肪。脂肪不仅为候鸟提供能量,而且脂肪代谢过程中所产生的水分也能为身体所利用。许多鸟类因储存脂肪而使体重大为增加,甚至成倍增加。

对一些信天翁而言,一路上尽享美食的环球之旅看似治愈空巢综合症的最佳良药。在一项研究中,研究人员给这些海鸟贴上了电子标签,在18个月里每天两次记录它们所在的位置。收集到的数据显示,超过半数的信天翁其间至少环游地球一次,其中一只环游地球三次。另一只仅在46天之内,就飞行了1.3万英里(约2万千米)。研究人员希望这些研究结果将有助于保护鸟类免受船队的威胁。

引起鸟类迁徙的原因很复杂,现在一般认为,鸟类的迁徙是对环境因素周期性变化的一种适应性行为。气候的季节性变化,是候鸟迁徙的主要原因。由于气候的变化,在北方寒冷的冬季和热带的旱季,经常会出现食物的短缺,因而迫使鸟类种群中的一部分个体迁徙到其他食物丰盛的地区。这种行为最终被自然界选择的力量所固定下来,成为鸟类的一种本能。

许多鸟类的迁徙是先天的本能和学习行为,哈里斯的换亲试验可证明这点。他将银鸥和小黑背鸥的卵进行了互换,并由此而得到了 900 只义亲所抚育的幼鸟。对这些幼鸟的环志结果表明:银鸥随其义亲迁飞到法国和西班牙;而小黑背鸥虽然其义亲留在英国越冬,但他们仍然像其亲生父母那样迁飞到了其在欧洲大陆上的越冬地。显然,是遗传物质在起作用。

鸟类的迁徙行为也是在进行过程中产生的。由于环境不断变化,自然也一直处于发展变化之中。即使到了今天,迁徙的行为仍在这些鸟类中形成和消失。

例如,野生的金丝雀,从前是地中海地区的一种留鸟。在过去的几十年里,分布区已扩展到欧洲大陆波罗的海地区,现在地中海地区这种鸟仍为留鸟,但在新的分布区内变成了一种候鸟。可见,鸟类的迁徙也在进化。

候鸟年复一年地在特定的路线上迁飞,每年均准确地回到各自的繁殖地和越冬地,这表明它们具有精确的导航定位机能。鸟类的导航机制是什么?这备受人们的关注。

鸟类从千里之外,按照定向识途的本领飞翔,一直是神奇的大自然的奥秘之一。

鸟类靠什么来决定航向?飞向不变的目标?

是靠北极星？还是靠太阳？

是靠月亮？还是靠风？

是靠气候？还是靠地磁？

鸟类的方向意识又是从何而来的？

是本能？还是后天的学习？

这诸如此般的迷幻，不解的为什么，如同心中的细线结，始终是自然界中一个使人百思不得其解的谜。

科学家通过环志、雷达、飞行跟踪和遥感技术等方法观测到，鸟类在飞行时，往往主要依靠视觉，通过天空中日月星辰的位置来确定飞行方向。

此外，地形、河流、雷暴、磁场、偏振光、紫外线等，都是鸟类飞越千里不迷航的依据。

最近的研究还表明，鸟嘴的皮层上有能够辨别磁场的神经细胞，被称之为松果体的神经细胞，就像脊椎动物对光的感觉器官一样起着重要作用。对哺乳动物和信鸽进行的多次电生理学试验表明，部分松果体细胞能对磁场强弱的微小变化作出反应。

许多鸟类靠着体内的生物钟，在感觉上能随时探知太阳位置，因而总能以太阳位置确定方位，这就是所谓的依据"太阳罗盘"进行的导航。

# "吃奶"长大的"远征军"

哺乳动物不是陆地上动物的专利。大象、狮子、老虎、狼、羊、牛等是哺乳动物,海中的鲸类、海豹、海豚、海狮等也是哺乳动物。

哺乳动物最显著的特点是:胎生,哺乳。也就是说哺乳动物在小的时候都要"吃奶"长大,就是这些吃奶长大的哺乳动物会形成庞大的"远征军",进行迁徙。

## 鲸的迁徙

鲸是海洋哺乳动物,用肺呼吸。

鲸是优秀的潜水员。须鲸类的游泳速度一般为每小时 30 千米,受惊时每小时为 40 千米。鳁鲸的速度最快,每小时约 55 千米,比万吨巨轮还要快。抹香鲸游泳速度较慢,一般为每小时 10 千米,最快时为 25 千米。鲸潜水的时间和深度也很惊人,它可潜入 200~300 米的深海,历时 2 小时之久。

鲸的肺活量大,肺活量就是气体进出肺的最大气体量。它的肺可容纳 15000 升气体,下潜时它贮存起大量的氧气,上浮时呼出体内产生的大量的二氧化碳,这是它能长潜的奥秘之一。

具有迁徙生活,是鲸的共同习性,像鱼类的回游,候鸟的迁徙一样,不过时间、季节和地点各不相同罢了。

迁徙是鲸的一种本能,也是生存所迫,比如,须鲸在其他海域进食很少,主要在南极海域进食,所以它必须返回南极海域。南大洋的鲸多数是从亚热带和温带迁徙来的,在每年的 11 月左右到达南极海域,在那里逗留 100 多天后,于翌年二三月踏上回归的路程。须鲸在南极海域逗留的时间最长,通常为 120 天以上。有的缟臂鲸可在南极海域越冬,还在亚南极区繁殖,生儿育女。其他的鲸种在南极地区或在迁徙的途中寻偶、交配,在温带和亚热带繁殖后代。不过,在南极海域很难看到正在哺乳的仔鲸。正是吃稀饭淘汤——各有所好。

座头鲸是世界上游得最远的哺乳动物。在气候温暖的季节,座头鲸在远离北极半岛的水域里每天吃掉几吨食物,等到冬天来临,它们便游上约 8000 千米远的路程,到哥伦比亚以及赤道附近温暖宜人的陆地旁举行婚礼,繁殖后代。

## 旅鼠自杀式的迁徙

旅鼠是北极草原的老大,整个北极草原是"旅鼠帮"的天下。它们虽然个头小,但以数量多取胜,旅鼠不仅把北极草原搞得乌烟瘴气死气沉沉,而且肩负着为大动物提供口粮的自然使命。草原上的狐狸、贼鸥、猫头鹰等肉食动物都以它为"下酒菜"。

一对旅鼠夫妻，从三月份开始生育，一年中可生 7 窝，每窝 12 只，一共 84 只，这是它们的第二代，也就是儿子和女儿。再假设每胎都是 6 公 6 母，则为 6 对。20 天后，第一胎的 6 对开始生育，每胎 12 只，一下子就可生出 72 只，一共可以生 6 胎，则为 432 只。40 天后，第二胎的 6 对也投入了生育大军，它们一共可以生 5 胎，若每胎 12 只，则为 360 只。以此类推，那么，它们的孙子和孙女能有多少呢？一共可以有 1512 只。这是第三代。不要忘了，40 天以后，第三代的第一胎共 36 对也开始繁殖了，它们的第一胎就可以生 432 只，一共可生 5 胎，为 2160 只。还有第三代的第二胎到第七胎呢，所以第四代一生可以生出 6480 只小旅鼠。照这样推算下去，第五代为 25920 只，第六代为 93312 只，第七代为 279936 只，第八代，也就是这一年的最后一批为 559872 只。你看看，从三月份的 2 只，到八月底九月初就会变成 967118 只的庞大队伍！就是由于气候、疾病和天敌的消耗等原因中途死掉一半，也还有 50 万只！天哪，这简直是一个天文数字！

有些旅鼠多时一胎生 20 只。如按这样的几何级数进行计算的话，数目更是触目惊心。

旅鼠的繁殖力很是了得，每 3 年到 4 年间，旅鼠就会发生"鼠口"爆炸。庞大的"鼠口"会把草原上可吃的食物统统吃光。它们得考虑子孙后代的事了，如何消除过剩的数量呢？死亡！主动的死亡是最好的方式。

这时，旅鼠摇身一变，颜色从原来的灰黑色忽然变成鲜艳的橘红色，暴露出自己所在的位置，引来天敌为自己举行腹葬，这时狐狸、贼鸥、猫头鹰好日子来了，天天过着幸福的生活，吃饱了睡，睡饱了吃。但是它们怎么努力也消灭不了所有的旅鼠。旅鼠们愤怒啊：你们平时耀武扬威，现在却连杀鼠的能力也没有？咱死给你们看。

　　几天后,听到草原深处传来了一种沉闷地声音,仿佛有人开动了巨大的铲土机,要把草原整体掘地三尺。转眼之间,一片橘红色的"波浪"从草原深处翻卷而来。大片的旅鼠正在向前奔跑。它们聚到一起,开始整体疯狂的逃奔,仿佛全体发了疯,又仿佛后面有一个可怕的恶魔在追随它们。队伍浩浩荡荡,又好像很有组织,每一只旅鼠都似乎奉了天命,拼死拼活地赶向前方。

　　旅鼠们集合起来,随着旅鼠队伍的前进,周围的旅鼠逐渐加入到"大部队"中来。于是,形成了几十万只乃至几百万只的旅鼠队伍,庞大的队伍开始了一生中最悲壮的旅行,风萧萧兮北极寒,旅鼠一去不复返。它们铺天盖地向大海奔去,前面的旅鼠逢水架桥,以肉体填平小河、池塘,后面的旅鼠踏过同类的尸体继续前进,旅鼠队伍所向披靡。大军所到之地,植物统统被吃得精光,草地变成荒原,它们的死亡队伍来到海边之后,连遗书也不写,死亡仪式也不进行,便视死如归勇敢地跳下海去,同海水较劲,同命运较真。几百万只旅鼠抱在一起,像座小山似的在水里翻滚……最后统统到地狱去向阎王爷报到了。

　　旅鼠名字的由来,就是因为这种死亡之旅。美国的皮特克用营养恢复学来解释旅鼠的自杀,当鼠类数量达到高峰时,植被因遭到过度啃食而被破坏,食物不足、隐蔽条件恶化,于是它们只好除了留下少数以繁衍后代之外,统统去死。等到植被恢复时,它们的数量再节节攀升。旅鼠的自杀,显得生命是多么悲壮啊!

## 最壮观的迁徙

每年 7 月到 10 月,肯尼亚就进入了旅游"黄金季节"。大约 150 万只角马、30 万只羚羊还有 20 万只斑马追随着丰美的水草从坦桑尼亚境内的塞伦盖蒂国家公园北迁到肯尼亚境内的马赛马拉国家公园。而游客则追随着动物的足迹,从世界各地聚集到肯尼亚,将一年四季几乎都是旺季的肯尼亚旅游业带入了"一房难求"的黄金季节。游客可以在后面跟踪观察,目睹动物大迁徙的阵容。

每年从七月开始,经过雨季的滋润,马赛马拉一改大半年的枯黄干燥,变成一块水草肥美的大牧场。新鲜而芬芳的青草气息深深地吸引着原本活动在南部塞伦盖蒂动物保护区内的角马、斑马等大型食草类动物,便汇聚成为动物世界最大的一组移动群体,浩浩荡荡地越过坦桑尼亚和肯尼亚边境,如巨浪般一波一波地涌入开阔的马赛马拉。这支由数以百万计的食草动物和追随着它们的狮子、猎豹等食肉动物组成的动物大军有时长达 10 余千米,它们共同造就了世界上独一无二的壮观景象,其中"角马过河"场景尤为壮观。

看动物迁徙一定要"起早贪黑"。这是因为位于赤道附近的马赛马拉白天气温很高,中午时分,动物们一般都躲到草丛中休息了,只有早晚才出来活动。

在一处水塘边,一大群非洲野牛正在进行晨浴,蒸腾的水汽让野牛黑大健硕的身躯时隐时现。天际间,一队角马一字排开,首尾相连,不缓不急地行走在漫天霞光中,绵延几千米、一眼望不到头的队伍,让人惊叹不已。

每年超过 100 万头黑尾牛羚(俗称角马)、15 万头斑马和 35 万头瞪羚,从原本散居的南部,不约而同地辗转走到邻国肯尼亚,在那里短暂度过一、两个月后,又千里迢迢地返回南部,年复一年,周而复始。有人计算过,动物在一年中会走约 3000 千米的路,途中危机四伏,历尽生老病死,有多达一半的牛羚在途中被猎食或体力不支而死。但同时间亦有约 40 万头牛羚在长雨季来临前出生,为没完没了的艰苦"旅行"增添新的力量。

每年角马大迁徙的时候,都有几十万头斑马大军走在前面,它们是角马旅途上的好伙伴。

为什么会出现这种阵容呢?

原来,斑马喜欢吃草的上半部分,而角马喜欢吃草的下半部分。当斑马从草原上走过以后,草原上的草,就只下下半部分了,而随后跟上的角马,正好很方便地吃到它们喜欢的这部分。所以斑马和角马加在一起,就像一部割草机一样,它们经过的地方,草都被吃得干干净净。大迁徙开始后,斑马们和走在前面的角马们混在一起,在大草原上你追我赶,像是在进行一场马拉松比赛。它们的生活的与此和谐。斑马和角马吃草是各有所需,正是"山羊爱石山,绵羊恋草滩",各有所好。

斑马在迁徙过程中,经常会遇到食肉动物的袭击。狮子经常会埋伏在斑马迁徙的必经之路上,突然向斑马群发动攻击。这样的袭击,在长达数月的迁徙途中经常发生。灵巧的斑马会躲过了狮子的攻击,迟钝的将会成为狮子的"盘中餐"。

斑马也要渡过河,这要经受暗藏在水中杀手——鳄鱼的严峻考验。潜伏在水中的尼罗鳄专门袭击未成年的小斑马。我们在动物世界里,常常会看到小斑马死于鳄鱼的巨口之中。

基本的大迁徙模式是这样的:雨水充足时,正常是约在 12 月至 5 月,动物会散布在从东南面一直延伸入保护区的无边草原上。雨季后那里是占地数百平方千米的茵茵绿草,动物可在那里享受食物充足的快乐。约六、七月间,随着旱季来临和粮草被吃得差不多,动物便走往仍可找到青草和有一些固定水源的西北面。持续的干旱令动物在八、九月间纷纷向北越境走往,寻找从东面印度洋的季候风和暴雨所带来的充足水源和食物,途中要渡过等几条大河,满布河中、体长可达 3.5 米的尼罗鳄自然不会放过这享用大餐的机会。

动物的迁徙,是动物长期进化形成的,是大自然选择的结果。是自然造就了动物的大迁徙。

# 植物繁育子孙也远行

提起旅行来,很多人都会感兴趣的。是啊,外出可以观看外地的自然风光,领略那里的风土人情,学习那里的当地文化,了解那里的习俗,能够开阔眼界。

难怪,人们乐此不疲。说来大家不会相信,在我国植物界也出现了一个旅行热潮,各种植物纷纷组成大大小小的"旅行团",成群结队地出门旅行。

植物的旅行比人可认真多了,它们不是走马观花转一个圈子再回来,而是一出去就是几个月,在气候适宜,环境舒适的地方住上一阵子,生下后代再离开。

## 作物"旅行团"

植物的旅行季节,跟大雁和燕子一样,每年所走的路线也大体相同。秋天往南走,到了温暖如春的广东、广西,大多数停在长夏无冬的海南岛;待布谷催耕,大地回春,再陆续返回阔别一冬的老地方,来到久违的家乡。

这些植物"旅行团"的目的是什么呢?总不是跟人一样到天涯海角观赏南国风光吧!

是啊,植物"旅行团"有着特殊的使命,它们是到海南避寒,生儿育女繁殖后代的。

冬天一到,冷酷的寒潮把植物故乡里怕冷的水稻、甘薯、玉米、高粱、小麦……全部以摧枯拉朽之势扫荡干净。农民为了让植物传种接待,都把这些心爱的植物朋友晒干,储藏到了仓库,一直等到第二年寒潮退去,春暖花开时,再把植物种子播种到大地里,让植物开花、传粉、结种子。一年长一次或两次,这时间多么长呀? 浪费了植物许多美好时光。"光阴似箭,日月如梭。"谁都知道的道理。

但在寒冷面前,植物无能为力呀!

是啊,可惜的是对植物有关的科学研究也随之停止,科学家望洋兴叹,这是大自然的清规戒律呀!

喂,我国不是北方四季分明,有明显的春、夏、秋、冬;南方尤其是海南岛,不是一个"四时常花,长夏无冬"的"天然温室"吗。年平均气温在24℃左右,为全国之冠。7月份是最高气温的月份,平均温度只有28.4℃,由于海风吹拂,并无十分闷热的灼人之感。

海南岛,位于我国雷州半岛的南部。从平面上看,海南岛就像一只雪梨,横卧在碧波万顷的南海之上。海南岛的长轴呈东北—西南向,长约300余千米,西北—东南向为短轴,长约180千米,面积32200平方千米,是我国仅次于台湾岛的第二大岛。

科学家们想到了这一点。于是,科学家的眼界扩展了,到海南岛去,省却了建造温棚的麻烦,再说,温棚不是自然条件,有些指数不能和天然条件媲美。海南岛是大自然的温室,有着独特的环境条件,像云南、广东、广西的南部,都是温暖的地方,海南岛的条件最好。

海南岛上没有冬天,这里终年繁花似锦,庄稼四季常绿,其他地方很难见到热带作物,如油棕、橡胶、芒果、可可等热带植物,在这里都可以见到。

北方冷空气虽然也有时前来骚扰,但南下的寒潮经过万里的奔驰,能量大为削弱。一路上土崩瓦解,少数侥幸冲过海峡,窜入海南岛的,也是强弓之末,难以逞凶肆虐。海南岛最冷的 1 月、二月份,是最冷的月份,平均气温为 17.2℃,更是温暖如春。

这得天独厚的条件,植物"旅行团"都瞄上这个美好的地方。于是,来自全国各地的江苏、湖南、浙江等邻近的省份植物的数量最多,华北地区也不少,远在东北、西北地区的植物也万里长征长途跋涉而来。

它们浩浩荡荡乘汽车、火车、轮船、飞机从祖国的四面八方来到了海南岛,这里也像接待贵宾一样,给以特殊的照顾,唯恐耽误了植物的种植时间。

形形色色的植物在这里安家落户,生根发芽。有些科学家为了加速植物繁殖后代的速度,用了几十年的心血,在这里进行杂交实验。

据不完全统计,在海南岛南部的国家南繁育种基地,每年都有 29 个省、区、市的 500 多个部门前来科研、育种,累计超过 40 万人,共为国家生产农作物种子 3 亿千克,全国 80％的农作物新品种的更新换代都是在海南进行。

我国的南繁育种基地于 1964 年在海南岛南部地区建立。从此,一场由高产新品种而诱发的"绿色旋风"从这里席卷全国,涌现出了以"杂交水稻之父"袁隆平、"玉米大王"李登海、"甜瓜大王"吴明珠为代表的一大批我国农业育种人才。冬季南繁育种已成为海南省服务于全国的一大支柱性产业。

海南岛南部地区全年高温多雨,日照充足,热量丰富,是培育农作物新品种和加代繁殖、引种繁殖的天然基地。培育一个水稻新品种在我国北方通常要 5 年至 8 年时间,而在海南只需 3 年至 5 年。我国杂交稻从籼型稻不育系的成功到"三系"配套在这里仅用了 3 年时间。

国际著名的"杂交水稻之父"、中国工程院院士袁隆平是一个地道的老"南繁"。从 1968 年开始,袁隆平几乎每年冬天都到海南从事杂交水稻研究。用他自己的话说,海南岛的繁殖基地是他的第二个家,他就是在这里尽情地描绘着他的绚丽人生。一转眼,30 余载过去了,从 1973 年选育出第一个"杂交水稻"品种起,袁隆平已经在海南选育出了数十个新品种,在这里育出的大批种子在祖国南北大面积推广,其种子生产的粮食总产量占全国大米产量的 90％以上。

培育一个农作物新品种,在内陆通常需七八年,而在海南可利用冬季加代繁殖,缩短三四年。近四十年来,在海南进行加代试验的农作物良种材料有数万份,培育出的新品种、新组合超过 300 个。

大家知道,冬小麦受不了盛夏的高温,在炎热的夏天它们搁足不出门,要到气候转凉才下地,在露地过冬,在第二年盛夏来临之际,就会躲进仓库睡觉。这样,一年只能种一次。

　　要培养小麦品种,往往只有几个麦穗,待这几个麦穗繁殖出成千上万斤种子,使很多地种上这个优良品种,这要繁殖多少代,等上多少年啊!时间不等人呀,如果在一年之内多繁殖几代种子,这会解决多么大的问题呀!

　　祖国大地辽阔,难道找不到一个在夏天适宜冬小麦生长的地方吗?

　　科学家们分析了气候条件,终于找到了夏天适宜冬小麦播种的地方,这就是青藏高原。于是,夏天,冬小麦和冬大麦一起来到凉爽的高原避暑,"生儿育女",繁殖后代;秋天,高原结出的种子再回到故乡,正赶上当地的播种季节。哈哈,这样出门"旅行"一次,争取了一年的时间。可见,让植物"旅行",好处多多。

## 果树也要迁移

　　20 世纪 80 年代,杭州水蜜梨上市深受欢迎,风靡市场。这种梨,甜如蜜,脆如菱,芳香可口,人们争相购买。

　　咦,杭州傲然成了水蜜梨产区。要知道,历史上杭州上是不出水蜜梨的。

　　杭州水蜜梨是几个优良品种的总称,其中,最畅销的品种是菊水、二十世纪、今村秋、晚三吉、黄蜜……看这些名字,也许有人就会猜出它的籍贯是日本。

　　原来,这是据现在七八十年前,陆续从我国的东临日本搬进杭州的。美丽的六和塔附近的钱塘江果园就是它们最早的住地。这批日本移来的"侨民",数量很少,总共占据了一二亩地。后来,逐渐传播开来。

　　那种的梨苗哪儿来呢? 就是那批"日本侨民"贡献出了身上强装的枝条,嫁接出来的。所以杭州果园中不少梨树是"日本侨民"的子孙。

人们追根究底,发现就是这些"日本侨民"竟是中国梨树回到了"姥姥"家!

原来,日本人把中国移去的梨树进行了改造,培育出了一些优良的新品种,这些新梨树青出于蓝而胜于蓝,远远比"父辈"优秀,再把这些经过改造的"亲骨肉"去见"姥姥",竟被认为是"外国侨民"了,真是一叶障目,有眼不识自家人了。

这些梨的子孙出国一次,收获不小。它们领略了异国风光,吸收了异国风土的甘露,接受了新颖的教化,各个方面都有了不少的进步。改变了出国时果肉含有讨厌的砂粒,粗硬的纤维,肉质粗糙,水分不多,味道也嫌淡。现在它们摇身一变,皮细肉白,香气扑鼻,味道浓郁,蜜糖般的汁水,盈盈欲滴,于是,身价倍增。

在我国的一些植物中,与梨树有着同样般曲折经历的植物还真不少呢!像柑橘中的著名品种"温州蜜柑",是 500 多年前日本到我国浙江天台山进香的和尚,看到它爱不释手,就带了回去,让它到外国异乡"旅行",后来,日本人从中培育出了不少优良品种,给它们一个个起了日本的名字。只听它们的名字还认为是日本原产的哩,其实,它们的故乡是中国,到中国也不过是回"姥姥"家罢了。

## 甜菜到南方安家

甜菜,盛产于比较寒冷的地区,世界主要生产甜菜的国家有美国、中国、俄罗斯、乌克兰等。中国甜菜产区主要集中在新疆、黑龙江、内蒙古等省或自治区。

甜菜是黎科植物,现在栽培的甜菜是由早期野生甜菜改良而来,早期的甜菜含糖少,主要供作饲料与蔬菜;如今,甜菜所以能供作制取蔗糖原料,主要是甜菜选育种获得巨大成功。

北方的甜菜"旅行"到南方安家落户,可不是一件容易的事情。甜菜世世代代生活在北方,喜欢冷的环境。南方盛暑酷热,它能够受的了吗?再说南方土地少,哪有空地让它落脚。

既然办法大家已经想出来了,试一试也无妨。我国的面积这样大,找一个冬天温暖像东北的春天、夏天一样的地方,是最好不过的了。

专家分析来,分析去,发现福建、湖南等地冬天、春天的气候,能够满足甜菜一生的要求。当时当地已经秋收,土地已经空闲,有可能受到欢迎。

结果,甜菜乘上汽车、火车南下了。这里有山有水,地上长满了各种各样的植物多得让人眼花缭乱,目不暇接。

于是,甜菜离开家乡几千千米,在异地他乡,被播种下田。起初,南方土壤是酸性的,甜菜不适应,后来,农民在土壤中撒下了碱性石灰,来中和土壤中的酸。呦,甜菜竟这么一"旅行",生长良好,一亩地竟长有1500多千克块根。随之,在那里办起了制糖厂,扩大了再就业,无疑是一桩大好事。

植物旅行,转遍了世界,天涯海角,都有它的踪迹。它们组成了欣欣向荣、繁盛绚丽的植物世界,为人类的温饱问题立下了汗马功劳,成了人类不可缺少的朋友。